한 번에 수시로 합격하는
생기부 만들기

한 번에 수시로 합격하는 생기부 만들기

초판 1쇄 발행 ㅣ 2022년 6월 22일
초판 5쇄 발행 ㅣ 2023년 8월 14일

지은이 ㅣ 김하민
펴낸이 ㅣ 김지연
펴낸곳 ㅣ 마음세상

주 소 ㅣ 경기도 파주시 한빛로 70 515-501

신고번호 ㅣ 제406-2011-000024호
신고일자 ㅣ 2011년 3월 7일

ISBN ㅣ 979-11-5636-021-6 (03590)

원고투고 ㅣ maumsesang@naver.com

* 값 14,500원

* 마음세상은 삶의 감동을 이끌어내는 진솔한 책을 발간하고 있습니다. 참신한 원고가 준비되셨다면 망설이지 마시고 연락주세요.

한 번에 수시로 합격하는
생기부 만들기

김하민 지음

마음세상

제6부 2022학년도 대입합격자 인터뷰

제7부 대입에 합격하기 위해 최종 점검하기

프롤로그

요즘에는 대학 입시정보가 많아짐에 따라 고등학생 커뮤니티, 맘카페, 유튜브 등을 통해 다양한 입시 정보를 접할 수 있다. 그런데 잘못된 정보들이 생겨나고 그로 인하여 입시정보가 어렵다는 말을 학부모 혹은 학생들에게 많이 듣게 되었다. 그리고 대부분의 학부모들은 고등학교 1학년 때부터 입시가 중요하다는 것은 알지만 정작 어떻게 관리를 제대로 하는 것인지를 몰라 갈팡질팡 하는 경우도 많다. 그러다 보니 시간이 지나고 고등학교 2학년 2학기가 끝나면서 마음만 바쁘고 불안해하면서 우왕좌왕 갈피를 잡지 못해 제대로 관리가 이루어지지 않는 것이 대부분이다. 그래서 입시 관련 커뮤니티에 가입하고 거기서 정보를 얻고 입시전략을 잘 세워야 하는 것이다. 간혹 맘카페에 입시와 관련해서 학부모의 고민이 글로 올라오면 답변들을 열심히 해주다 보면 아주 기본적인 입시 질문을 하는 내용에서 안타까움을 느끼곤 했다. 왜냐하면 적어도 입시를 치룰 학부모들이라면 어느 정도 입시정보는 기본적으로 찾아보고 공부해서 아이와 커뮤니케이션하는데 도움이 되어야 하고 그러다가 컨설팅을 받더라도 이해가 빠르기 때문이다. 진짜 입시공부를 처음 하는 학부모의 고민을 해결해줄 수 있는 방법이 없을까 고민하였다. 그런데 입시를 두 번이나 치루는 학부모도 또 다시 입시 고민을 한다는 것이다.

실제 2년 전 첫 아이 입시를 치룬 학부모는 3년 뒤 둘째가 고3이 될 때 찾아와서 왜 다시 2년 만에 입시가 또 다르게 많이 바뀌었냐면서 정말 어렵다는 말을 했었다. 교육은 백년대계라는 말이 무색하게 매년 입시는 변화하고 있고 그 변화 속에서 혼란의 연속일 수밖에 없는 학부모의 심정이 이해가 되었다. 정권이 바뀔 때 마자 입시제도를 흔들고 피해는 고스란히 학생들의 몫이 되었다.

학교와 학원 입시설명회를 진행하면서 학생과 학부모들이 대입의 변화를 이해하기란 정말 어렵다는 생각을 하게 되었다. 정작 생활기록부와 내신이 중요하다는 것을 알지만 그것들이 어떤 중요한 역할을 하는지 그리고 어떻게 관리해야 하는지 방법들에 대해 모르는 경우가 많았다. 아마도 그 이유 중 하나는 시시 때때로 변화하는 입시전략일 것이다.

매년 200명 넘는 학생들의 컨설팅 진행을 하면서 상위권, 중위권, 하위권 학생 모두 공통점은 대입을 준비하는 구체적인 방법을 모른다는 것이었다. 입시제도가 너무 자주 바뀌고 일관성이 없기 때문이다.

특히 수도권 외 지방의 학교와 학원의 입시설명회를 다니면서 학생과 학부모들은 입시전형들에 대한 정보가 너무 부족하고 무조건 농어촌전형이나 다자녀전형이 유리하다고 막연히 생각하고 있다는 것들을 알고 제대로 입시정보를 전략적으로 접근해야 한다는 사실을 알려주게 되었다. 그들은 입시에 대한 정보가 없다 보니 입시 커뮤니티 혹은 입시 유튜브 채널에서만 얻은 짧은 정보를 통해 입시를 준비 하게 되는 경우를 종종 보면서 안타까운 심정이었다. 잘못된 정보에 의존하여 관리가 제대로 안되다 보니 입시를 3년 동안 준비 하는데 어려움이 따를 수밖에 없었다.

이 책을 통해 입시를 준비할 학생들과 학부모들은 궁금하고 어려웠던 점 일부분을 어느 정도 해결해 줄 것이라 믿는다. 하지만 이 정보만으로는 사실 입시를 준비 하는데 한계가 있으니 이 책을 통해 입시에 대한 기본기를 다져 나가는 것이 중요하다. 그리고 이 책을 읽으면서 각 대학교 입시요강을 꼼꼼히 살펴보면 이해하는데 훨씬 도움이 될 것이라 확신한다.

물론 요즘은 스마트폰이 활성화 되면서 SNS에서 대입 정보를 쉽게 얻을 수 있다. 하지만 진짜 정보인지 가짜정보인지를 구분할 줄 알아야 하며 가짜정보도 많다는 사실을 잊어서는 안 된다. 매년 바뀌는 게 입시이기에 작년에 입시에 성공한 학부모 혹은 선배 말에 의존 하지 말고 직접 본인이 입시정보를 공부하여 합격하는 입시전략을 세우는 과정도 중요하다고 생각한다.

이 책은 내가 10년 이상 컨설팅을 진행하면서 학생들과 학부모가 함께 꼭 알아야 한다고 생각하는 정보들을 바탕으로 집필했다. 이 책이 많은 학부모와 학생들에게 도움이 되었으면 하는 바람이다. 그리고 합격한 학생들은 어떻게 대입을 준비 했는지에 대한 인터뷰를 담아보았다. 이 인터뷰 참여해준 7명의 학생들 모두 학과가 다르기는 하지만 때문에 이 책을 읽는 학생들과 학부모들에게 큰 도움이 되었으면 한다. 인터뷰를 적극적으로 해준 7명의 학생들에게 고마움을 표하고 또한 먼저 원고 집필에 대한 제안을 해준 출판사에 감사함을 표한다.

제1부

수시
vs
정시 대입의 혼란

수시와 정시 무엇을 준비해야 하나요?

최근 정시 확대 관련된 기사들이 많아짐에 따라 고등학생과 학부모들은 입학 전부터 고민에 빠진다. '수시를 지원해야 할까? 정시를 지원해야 할까?' 망설인다. 대입을 준비하는데 있어 2가지 방법이 있다. 바로 수시와 정시이다. 수시는 6장, 정시는 3장 지원이 가능하며 수시원서 접수는 9월에 접수를 하여 12월이 끝나기 전 까지는 합격자 발표가 모두 끝난다. 수시에 합격하면 정시에 지원이 불가능하며 정시는 12월말부터 보통 원서 접수가 시작이 된다. 실제로 제자 중에서는 고려대학교 자유전공학부에 수시로 합격한 친구가 있었다. 하지만 이 친구의 경우 수능에서 우수한 성적을 만들게 되면서 정시에서 서울대학교 낮은 학과에 지원을 해도 합격가능성이 있었지만 이미 수시에서 합격을 했기에 정시 지원이 불가능 했던 것이다. 우리는 이런 현상을 수시납치라는 단어를 사용한다. 실제로 많은 친구들이 컨설팅을 받으러 와서 질문한다. "제가 혹시 수시 납치가 되지 않을까요?" 그러면서 수시를 모두 상향으로 원서 접수 하고 싶다는 말을 많이 한다. 하지만 실제 수시납치 되는 학생들은 10명 중에서 3명도 되지 않는다. 또 수시납치가 될 것을 걱정하여 수시 원서 접수를 하지 않고 수시 6장을 포기 하려고 하면 고3 담임선생님은 매일 학생을 불러서 면담을 할 것이다. 그만큼 수시는 선택이 아닌 필수라는 점을 잊지 말아야 한다. 수시납치라는 것 때문에 걱정이 되어 수시를 포기하고 정시로만 선택한다는 것은 엄청나게 위험한 일이다.

하지만 이 글을 읽고 있는 학생들과 학부모들 중에서 우리는 내신등급에 비해 모의고사 성적이 더 좋다고 생각하는 경우도 있을 것이다. 하지만 고1~고2 모의고사까지는 재수생과 반수생이 들어오지 않기 때문에 당연히 좋은 것이 사실이다. 실제 제자들 중에서 내신대비 모의고사 성적이 좋았던 친구들이 많았다. 하지만 고3 6월 모의고사 때부터 상황은 바뀌게 된다. 그 때 생각지 못한 점수를 받아본다는 소리를 많이 들었다. 그만큼 고3 6월 모의고사 때부터 재수생이 들어오게 되면서 점수가 예상외로 나쁘게 나오는 경우가 많다. 또 9월 모의고사는 더 점수가 하락되면서 수시 원서 접수 이틀 전 혹은 하루 전에 상담하러 찾아오는 친구들도 많다. 대부분 수시준비를 하지 않기로 결정했다가 9월 모의고사 가채점 후 정시로 갈 수 있는 대학이 수시로 갈 수 있는 대학보다 낮기 때문이다. 애초에 고등학교 입학 때부터 수시와 정시 둘 중에 무엇을 선택해야 할 것인지 고민할 문제이긴 하지만 여전히 수시가 대세이다. 왜냐하면 아직까지 수시로 선발하는 학교가 훨씬 많으며 in서울 대학들 중 수시 선발이 60% 이상인

학교는 더 많기 때문이다. 지방대의 경우도 수시로 선발하고 있는 학교가 더 많다고 보면 된다. 아래 표를 참고해 보자.

모집시기	권역	전형유형	2026학년도			2025학년도			증감		
			정원내	정원외	합계	정원내	정원외	합계	정원내	정원외	합계
수시	수도권	학생부위주(교과)	25,133	2,745	27,878	25,113	2,693	27,806	20	52	72
		학생부위주(종합)	32,912	5,758	38,670	32,416	5,451	37,867	496	307	803
		논술위주	10,893	45	10,938	9,740	38	9,778	1,153	7	1,160
		실기/실적위주	7,740	130	7,870	7,851	390	8,241	-111	-260	-371
		기타		2,097	2,097	1	2,153	2,154	-1	-56	-57
	수도권 소계		76,678	10,775	87,453	75,121	10,725	85,846	1,557	50	1,607
	비수도권	학생부위주(교과)	116,490	11,127	127,617	116,232	10,437	126,669	258	690	948
		학생부위주(종합)	37,722	4,981	42,703	35,753	5,304	41,057	1,969	-323	1,646
		논술위주	1,606	15	1,621	1,473	15	1,488	133	0	133
		실기/실적위주	13,735	260	13,995	14,101	189	14,290	-366	71	-295
		기타	413	2,046	2,459	204	1,927	2,131	209	119	328
	비수도권소계		169,966	18,429	188,395	167,763	17,872	185,635	2,203	557	2,760
수시 소계			246,644	29,204	275,848	242,884	28,597	271,481	3,760	607	4,367

(단위: 명 2024. 4.30 . 기준)

1학년 때 내신이 부족하다고 해서 바로 수시를 포기하기 보다는 2학년 때 성적상승을 만들기 위한 노력이 필요하다. 대학은 현재 학생부종합전형에서 성적이 상승곡선을 이룬 학생에게 좀 더 좀 더 좋은 노력의 평가를 해주고 있다. 그래서 학생들은 우리는 성적이 한 번 하락했다고 해서 굳이 수시를 포기할 필요는 없다. 재수생의 비율은 날이 갈수록 증가하고 있기에 수시에서 최대한 도전할 수 있는 방법을 찾아보는 게 입시에 성공하는 큰 열쇠가 될 수 있다. 특히 고등학교 2학년 1학기부터 2학기 사이에 수시를 해야 할까? 정시를 해야 할까? 고민하는 학생들이 많은데 시간 낭비다. 둘 다 같이 준비 하면서 내신을 포기 하지 않는다면 좋은 전략을 고3 때 찾을 수 있다. 하지만 필요 없는 고민으로 인해 결국 내신을 포기 한다면 수시원서 접수 때 반드시 후회하게 된다.

수시 유형을 알려주세요

　현재 대입에서 수시를 준비하는 과정에서 학생들과 학부모들이 어려워하는 포인트는 바로 수시 종류가 많다 보니 대입 전략을 세우는데 어려움이 많다는 것이다. 특히 학생부종합전형의 경우 종류와 이름이 대학교마다 다르다 보니 헷갈리고 어려워 입시요강을 읽어도 무슨 말인지 모르는 경우가 많다는 것이다. 사실 대입을 준비 하는데 있어 입시 관련 특강이 각 학교마다 매년 진행되고 있지만 그런 특강들은 주요대학 위주로만 진행되거나 혹은 상위권 학생들을 위한 교과전형들 즉, 학교장추천전형들을 중심으로 설명해주는 경우가 많으니 한정되어 있다. 그리고 특히 지방 일반고 학생들을 만나보면 그들의 학교는 학생부종합전형으로 합격한 사례가 없다 보니 학교에서는 교과전형 중심으로만 설명을 듣게 되고 학생부종합전형의 종류나 유형이 어떻게 진행되는지에 대해 모른다는 말을 많이 듣게 된다. 한 학교의 사례로 a학교에서는 학생부종합전형은 특목고, 자사고, 외고를 위한 전형이라면서 애초에 지원이 불가능하다는 말을 해서 충격을 받은 적도 있다. 결코 학생부종합전형은 특목고, 자사고, 외고를 위한 전형이 아니라는 것은 학생들은 알아야 한다. 서울과 수도권 이외에도 지방 일반고 학생들도 많이 합격을 하고 있다는 사실을 염두에 두고 전략을 세워야 한다.

그럼 본격적으로 수시유형에 대해 알아보자. 수시유형은 다음과 같다. 총 5가지를 구분 짓는다.

수시전형 유형
학생부종합전형, 학생부교과전형, 학교장추천전형,
논술전형, 예체능실기전형

이전과 달리 2022학년도 대입에서부터 학생부교과전형은 학교장추천전형으로 바뀌고 있다. 즉, 과거에는 학생부교과전형 원서 접수 시 학교장추천 필요 없이 원서 접수를 진행한 경우가 많았다. 그러나 2022학년도 대입에서 부터는 학교장추천을 받아야 학생부교과전형을 지원하는 체계로 바뀌고 있다. 그렇다고 모든 학교의 교과전형이 그런 것은 아니지만 in서울에 많은 대학들은 이 구조로 바뀌기 시작했다고 보면 된다. 특히 2021학년도 까지는 서강대, 성균관대의 경우 교과전형이 없이 학생부종합전형으로 학생들을 많이 선발했는데 2022학년도부터 교과전형인 즉 학교장추천전형이 생기게 되었다는 점을 꼭 참고하자.

　학생부종합전형의 유형은 다음과 같다.

　학생부종합전형

　① 내신+생활기록부 (서류형)

　대표적으로 선발대학교와 전형명 : 성균관대 학과모집, 성균관대 계열모집, 서강대 학생부종합, 한양대 학생부종합, 숙명여대 서류형, 아주대 다산인재 등

　② 내신+생활기록부+2차 면접 (면접형)

　대표적으로 선발대학교와 전형명 : 경희대 네오르네상스, 한국외대 면접형, 인하대 인하미래인재, 동국대 두드림 등

　③ 내신+생활기록부+수능최저 : 이화여대 미래인재, 홍익대 학교생활우수자(학생부종합)

　④ 내신+생활기록부+2차 면접+수능최저 : 고려대 학업우수형, 연세대 활동우수형, 연세대 국제형

　대부분 학생부종합전형은 수능최저가 없는 학교가 훨씬 많다. 솔직히 연세 대, 고려대를 제외하면 거의 in서울 대학에서는 이화여대, 홍익대 이외에는 없다고 보면 된다. 하지만 이런 사실을 모르는 상태에서 많은 학생과 학부모들은 모의고사 성적을 내신보다 더 많이 신경 쓰는 경우가 있다. 이것은 잘못된 입시전략이라고 보면 된다. 학생들은 가장 중요한 것이 내신점수라는 사실을 잊지 말아야 한다. 생활기록부가 아무리 좋아도 내신

점수가 부족할 경우 합격의 가능성은 그만큼 낮아진다. 내신은 절대적으로 중요한 요인으로 작용한다는 것을 기억해두자.

학교장추천전형(학생부교과) 전형에 대해 알아보자.

①내신 100
오로지 내신만으로 선발 한다.

②내신+ 수능최저
내신과 수능최저로 선발한다. 수능최저는 각 학교마다 수능최저 기준이 다르며 매년 수능최저가 바뀌는 경우가 많으니 지원예정 대학의 입시요강을 참고하자.

③내신 + 2차 면접
내신으로 선발한 뒤 2차 면접이 진행하여 선발한다.

④내신+ 서류(학생부)
최근에 생긴 새로운 유형이며 건국대의 경우 2022학년도 학교장추천에서는 ②번 유형으로 진행하다가 2023학년도부터 ④유형을 실시한다. 여기서 말하는 학생부는 생기부이며 생기부에서 지원한 학과의 전공적합성도 이제 확인한다는 의미로 해석한다.

학교장추천전형의 경우 학교마다 추천 인원수 제한이 있는 학교가 있는가 하면 반면 추천 인원수 제한이 없는 학교도 있다. 그런데 중요한 것은 학교장추천은 무조건 상위권 학생들만 지원할 수 있는지에 대한 질문이 많다. 그러나 그 질문에 대한 해답은 NO다. 현재 학교장추천은 상위권 대학에서 진행하고 있지만, 홍익대, 세종대, 성신여대, 아주대, 광운대, 상명대, 경기대 등 in서울 대학들 대부분이 진행하고 있다는 점을 명심해야 한다. 보통 학교장추천은 고3 학생들이 7월 기말고사 끝난 뒤 최종 성적 산출 후 7월말에서 8월말 사이에 각 고등학교 교내에서 신청을 받고 있다는 것을 참고하자.

논술 전형에 대해 알아보자.

① 학생부+논술
수능최저 없이 논술전형이 진행되는 학교가 있다. 수능최저가 없을 경우 경쟁률이 높을 수밖에 없다는 점을 사실을 기억해 두자.
② 학생부+논술+수능최저
논술에서 수능최저 있는 학교의 경우 6월모의고사와 9월모의고사 결과를 통해 수능최저를 맞출 수 있는지 여부를 잘 체크해야 한다. 실제 수능최저를 맞추지 못해 논술 시험을 포기 하는 학생들이 많다.

논술전형에서는 내신이 부족해도 상대적으로 논술비율이 높다 보니 시험을 잘 봐서 합격하는 경우가 많다. 문과는 인문논술을 시험보고 이과는 수리논술로 시험을 본다. 논술은 내신 받기 어려운 학교 학생들이 많이 도전한다. 실제 강남 8학군 출신의 a학생은 수학 모의고사에서 1등급을 놓친 적이 없었다. 하지만 내신은 4~5등급 사이였다. 이 친구에게 수리논술을 추천하였고 실제 이 친구는 성균관대 공과대학에 논술로 합격했다. 대신 논술은 학생부종합전형과 학교장추천전형에 비해 경쟁률이 훨씬 높다는 점을 잊지 말아야 한다.

　마지막으로 예체능 실기 전형의 경우 음악, 체육, 미술 등 실기 전형으로 수시에 도전해 볼 수 있다. 예체능 실기를 언제부터 준비해야 하는지에 대해서는 사실 분야별로 다르다. 다만 미술의 경우 고1부터 실기한다고 미술학원에 올인 하는 친구들이 많은데 사실 미대는 비실기 전형으로도 많이 선발하고 있으니 정보를 많이 찾아보고 도전하자. 실제 a예고 학생을 이화여자대학교 디자인 학부를 비실기 전형으로 입학했는데 미술학원에서는 끝까지 실기전형으로 추천하고 비실기전형에 대한 정보를 주지 않아서 고생했던 케이스가 있다. 대학입시는 전적으로 확실한 정보를 통해 전략을 잘 세워야 한다는 것이다.

어떤 학교가 수시 전형에 유리한가요?
(일반고, 특목고, 자사고,외고 등)

2021학년도 대입부터 고교블라인드가 실행되는 학교들이 있었다. 고교블라인드란 생활기록부에서 학교명이 아예 보이지 않게 가린다는 것을 의미한다. 예를 들면 매화고등학교 학생이 매화제에 참여 했다면 OO고등학교 OO제로 표시가 된다. 즉, 아예 생활기록부에서는 학교명이 나타나지 않으며 고3 담임선생님이 수작업으로 학교명을 OO으로 바꾸는 작업을 진행하고 있다. 그러다보니 2021학년도 대입에서 흔히 내신받기 어려운 명문고 학교들의 입시결과가 예상외로 나쁜 결과를 보였다. 오히려 경기도에 있는 평범한 일반고의 경우가 오히려 입시결과가 더 좋아지면서 고등학생들이 많이 이용하는 커뮤니티에서는 고교블라인드에 대한 논란이 많았다. 특히 커뮤니티에 고교블라인드 검색하면 절대 외고, 자사고, 특목고 입학하지 말고 일반고 선택하라는 글이 많이 올라와 있는 것을 볼 수 있다.

　그러다보니 2022학년도 대입에서는 고교블라인드를 더 강화한 학교들이 훨씬 많아지면서 대부분 학교들은 현재 고교블라인드를 진행하고 있다. 따라서 학생부종합전형에서 기존에는 내신 받기 어려운 고등학교에 입학하여 생활기록부의 질이 나쁘지 않는 이상 합격할 수 있는 가능성이 높았다면 지금은 내신이 부족하면 합격가능성이 낮아진다. 생활기록부가 조금은 부족해도 사실 내신만 좋다면 합격 가능성이 높아진 경우가 많다. 그만큼 이제는 내신〉생활기록부가 되어가고 있는 만큼 내신관리에 집중해야 한다.

　또 하나 학생부교과 즉 학교장추천 전형이 증가함에 따라 내신이 좋으면 확실히 수시에서 좋은 기회를 만들어 갈 수 있다. 결국 대학들도 학생들이 공부도 잘하고 생활기록부도 잘 되어 있는 우수한 학생들을 뽑겠다는 계산이 깔려 있는 셈이다.

　간혹 모의고사 준비하느라 내신준비를 못했다는 친구들을 만났을 때 정말 안타깝다는 생각을 한다. 현재 수시전형에서는 내신이 좋으면 지원할 수 있는 전형이 많기 때문에 애초에 내신 받기 쉬운 고등학교를 선택하는 것이 좋다. 11월 고입설명회 시즌에 내신 받기 좋은 고등학교에 원서를 넣으라고 하면 대부분 학부모들은 이런 말을 많이 한다.

　"내신 받기 좋은 고등학교는 솔직히 공부 분위기가 안 좋아서 걱정이다."

　"내신 받기 좋은 고등학교는 생활기록부 관리가 엉망이다."

　하지만 내신받기 좋으면서 분위기 좋은 고등학교는 대부분 없다고 본다. 사실 공부 분위기가 좋은 고등학교를 입학하게 되면 학부모들은 우리 아이들도 공부를 열심히 할 것 같지만 그렇지 않는 경우도 더 많다. 학생들은 결국 하기 나름이기에 이왕이면 내신 받기 쉬운 고등학교로 입학하는 것이 좋다.

최근에는 강남8학군 아이들이 경기도 구리시, 수원시 등으로 전학을 가는 컨설팅도 받는 경우가 있다. 그 이유는 첫째 입시를 경험해보니 강남8학군에서 같은 시간과 비용을 투자 하였을 때 결과가 좋지 않기에 차라니 내신 받기 수월한 곳으로 전학을 가서 그곳에서 같은 시간과 비용을 투자하겠다는 학부모들과 학생들이 많다.

그만큼 내신 받기 좋은 고등학교를 가면 수시에서 좋은 결과를 만들 수 있다는 것을 알 수 있다. 고등학교 선택의 여부를 고민하고 있는 학생이라면 내신 받기 쉬운 고등학교를 꼭 선택하길 바란다.

내신 받기 쉬운 고등학교를 선택할 시 생활기록부 관리가 되지 않아서 걱정이 되더라도 내신 받기 좋은 고등학교에 입학하여 학생부교과전형을 전략적으로 준비할 수 있는 방법을 모색하면 충분히 대입을 치른데 성공할 것이다.

만약 이런 정보를 알고 나서 학생들이 그럼 전학을 가야 하는 것 아닐까? 고민하는 경우가 있다. 아직 내신 반영되는 시험을 치루지 않았다면 전학 가는 것도 하나의 방법이 될 수 있다. 실제 외고에서 일반고로, 자사고 에서 일반고로 전학하여 대입에 성공한 케이스도 있기 때문이다. 내신과 생활기록부 관리는 오히려 일반고로 진학했을 때 더 체계적이고 자신의 성적을 유리하게 대입을 치루는데 긍정적인 효과를 가져다 줄 것이다.

지방고등학교도 수시로 in서울 가능할까요?

컨설팅을 하면서 서울권, 경기권 친구들도 많이 진행했지만, 전국을 다니면서 설명회와 지방 친구들 컨설팅을 지속적으로 진행했었다. 실제 광주시, 전주시, 울산시, 부산시, 대구시, 강릉시 등 다양한 지역 학생들을 맡아서 진행하면서 가장 안타까웠던 점은 정보가 부족하다는 점이다. 심지어 학교선생님에게 수시원서 접수 몇 장을 지원하는지 질문 했을 때 답변을 못하는 선생님이 있다는 말에 굉장히 충격적 이였다. 특히 학교 선생님이 생활기록부를 한 줄 밖에 안 써주는 과목도 많으며 다른 학생이 발표한 내용을 생활기록부에 작성해주시면서 아이가 이의제기 하면 화를 내는 선생님들도 많았다. 이런 상황들을 지켜보면서 정말 안타깝다는 생각을 많이 했다. 컨설팅을 하면서 2등급, 3등급대 아이들이 저도 서울에 있는 학교에 지원할 수 있는지 물어 볼 때 당연히 가능하다고 말하면 아이들은 신기한 눈으로 쳐다본 적이 많았다.

오히려 지방고등학교 학생들은 in서울 하기에 좋은 조건을 갖추고 있다. 바로 내신을 받는 과정이다. 사실 서울권, 경기권 친구들에 비해 열심히 내신을 준비해도 2.5~3.5등급은 받을 수 있는 환경이다. 물론 학교마다 다르다. 지방에 있는 명문고는 내신받기에 어려움이 많지만 그러지 않은 학교가 많다. 내신관리를 잘 준비 하면서 수능최저 준비를 한다면 in서울 학교의 교과전형 즉 학교장추천전형으로 합격은 충분히 할 수 있다. 심지어 학교장추천전형에 수능최저 없는 학교도 있기에 내신 관리를 잘하는 게 가장 중요하다. 내신 관리가 결국 관건인 것이다.

이외에도 학생부종합전형에 지방 친구들도 충분히 합격 할 수 있다. 실제 울산에서 컨설팅 했던 친구는 학교에서 학생부종합전형으로 불가능하다는 말을 들었는데, 인하대 인하미래인재, 아주대 에이스, 서울과학기술대 첨단인재, 광운대 광운참빛인재 모두 학생부종합으로 합격 했다. 실제 이 친구는 생활기록부에서 전공적합성에서 우수한 평가를 받으면서 인하대와 서울과학기술대는 장학금까지 받는 경우였다. 이렇게 지방 고등학교도 생활기록부를 전공적합성에 맞춰서 준비하면 충분히 학생부종합전형에 합격할 수 있다.

지방에 컨설팅을 가게 되면 늘 받는 질문이 지역 내 입시컨설팅센터가 있어도 믿고 맡기는데 어려움이 있다. 혹은 지역 내 입시컨설팅센터가 없다는 말을 많이 한다. 그래서 전국을 다니면서 학생들에게 입시정보가 절실히 필요하다는 것을 느끼면서 지역 내 교육청에서 지방 학생들의 대입과 관련한 프로그램을 활성이 되어야 한다는 생각이 들었다.

엄마의 정보력과 아빠의 무관심 그리고 할아버지의 재력이 결국 입시를 성공한다는 말이 있다. 그만큼 중요한 정보력은 입시를 성공하는 데 있어서 키워드라는 생각을 한다. 지방고등학교 학생이라고 절대 in서울 불가능하겠지 라는 생각은 금물이다. in서울에 합격하는 것은 결국 정보를 찾아보고 내신을 철저히 준비를 잘 한다면 꼭 합격할 수 있다. 정보력이 그만큼 중요한 입시전략임을 다시 한 번 상기하자.

제2부

자기소개서 폐지,
생활기록부 관리 중요

자기소개서 폐지는 대입에 어떤 변화를 가져 올까요?

    학생부종합전형에서 대부분 많은 학교들은 생활기록부, 자기소개서를 서류로 제출 했고 실제 기존에는 면접현장에서 자기소개서와 관련한 질문들이 많았다. 2024학년도 대입에서 부터는 자기소개서 폐지가 되면서 생활기록부가 더욱 중요해졌다. 일부 맘카페 커뮤니티에서는 사실 자기소개서 폐지된다는 말이 나왔을 때 오히려 서류 간소화가 되면 우리 아이에게 좋다는 글들이 많이 눈에 뛰었다. 하지만 자기소개서 폐지로 인해 과연 좋은 점만 많은 건가? 생각해봐야 한다. 기존에 자기소개서에는 진로가 왜 바뀌었으며, 성적이 부족했는데 어떻게 상승시키고자 노력했는지 등 본인만의 PR을 적극적으로 할 수 있었던 장점이 의외로 많았다. 예를 들면 경영학과를 준비 했던 친구가 중어중문학과로 학과 변경했을 경우 그와 관련하여 왜 변경했는지에 대해 자기소개서에 작성하면서 평가자인 교수와 입학사정관등을 설득시키는데 유리한 점이 많았다. 그런데 자기소개서 폐지로 인해 이제 학생들은 본인 PR을 하는 서류가 줄어든 것이니 마냥 좋아할 만한 일은 아니다. 이외에도 자사고, 특목고, 외고에 비해 일반고는 특성상 생활기록부가 부족한 점을 자기소개서에 더 많은 PR을 할 수 있었지만 이제 사라진 것은 그만큼 일반고 학생들에게는 자사고, 특목고, 외고에 비해 경쟁력이 떨어진다고 보면 된다. 이런 불리한점들이 작용한다는 것을 일반고 학보모들은 감지해야 한다. 이 난관을 이겨내기 위해서는 생활기록부가 더 중요해지고 더 철저히 관리해나가야 하는 것은 기정사실이다.

그렇다면 자기소개서 폐지 이후 대입은 어떻게 변화 할 것인가? 이제 여기에 집중해보자.

① 생활기록부의 방향성은 1학년 때부터 하나의 학과에 준비하는 학생이 증가할 것이다.

대부분 많은 학생들은 고등학교 1학년 때부터 진로를 결정하는데 있어 어려움을 겪고 있다. 특히 고등학교 1학년 입학 전 진로를 결정한 친구는 10명 중에 3명도 되지 않을 것이다. 따라서 고1 때부터 본인의 전공에 맞춰서 생활기록부의 방향성을 가져가는 친구는 그만큼 적다는 것이다. 예를 들면 고등학교 1학년 때 생명과학계열 고등학교 2학년 때는 건축계열 고등학교 3학년 때는 물리학과 등 한 학생의 진로는 이렇게 많이 변화할 수 있다. 이럴 경우 생활기록부는 뒤죽박죽이 될 수 있다. 과연 이 생활기록부를 학생부종합전형에 지원한다면 성공할 수 있을까? 아마 물리학과 교수님은 '우리 학과가 경쟁률이 낮아서 지원했구나.'라고 생각 할 수밖에 없을 것이다. 따라서 진로를 고등학교 1학년 때부터 자신에게 어느 정도 맞는 전공적합성을 잘 따져보고 결정하는 것이 가장 중요할 것이다. 예를 들면 1학년 때부터 회계사라는 직업을 가지고 고등학교 3학년 때 까지 회계와 관련하여 생활기록부를 챙겨서 만들어 간다면 분명 이러한 친구들은 전공적합성이라는 항목에서 우수한 평가를 받게 될 것이다. 특히 성적이 조금 부족해도 생활기록부의 방향성이 일치하게 꾸준히 고등학교 3학년 때까지 끌고 가는게 중요하다. 결국 고등학교 1학년 때부터 진로를 하나의 방향으로 준비 하는 친구들은 앞으로 증가 할 것이다. 그렇기 때문에 발 빠른 학생들은 자신의 생활기록부를 관리하는데 어떻게 하는 것이 유리한지 파악하고 그것에 맞춰 관리할 것으로 본다.

② 고등학교 1학년 때부터 내신을 놓치지 말자.

학생부종합전형이 처음 우리나라에서 실행되었을 때는 입학사정관전형으로 시작하게 되었다. 그 당시 성적이 부족해도 스펙이 좋으면 대학에 합격할 수 있었다. 특히 그 때는 생활기록부, 포트폴리오, 교사추천서 등 많은 서류가 필요했다. 심지어 학교마다 자기소개서 문항도 모두 다르다 보니 학생들이 입학사정관 전형을 준비 하는데 힘들어 할 수밖에 없었다. 심지어 그 때는 정보가 많은 것도 아니었기에 준비하는 학생들 입장에서는 어려움이 많았고 고등학교 3학년 담임선생님께 이 전형을 준비 한다고 말했을 때 반응은 잘 모른다는 식이었다. 그 후 조금씩 입학사정관전형은 정착되어 갔고 몇 년 후 포트폴리오 폐지, 교사추천서 폐지 등으로 인해 서류는 생활기록부와 자기소개서 2가지로 간소화 되었다. 간소화가 되면서 경쟁률은 더 높아졌으며 그로 인해 내신의 비중은 훨씬 더 커지게 되었다. 왜냐하면 결국 교내에서 학생이 할 수 있는 활동은 비슷하고 어느 정도 정해져 있기 때문에 대학은 좀 더 우수한 학생들을 뽑고자 내신 반영 비율을 본 것이다. 자기소개서가 폐지되는 입장에서 대학에서는 더 많은 내신등급에 치중할 것이며 대학들은 생활기록부 만큼이나 내신성적도 중요시 여긴다는 사실을 학생들은 반드시 기억해두고 잊지 말아야 한다. 생활기록부 뿐만 아니라 내신의 반영비율이 높아진다는 것을 반드시 염두에 두어야 할 것이다.

③ 2차 면접 보는 학교의 경우 면접 난이도가 어려워 질 것이다.

고교블라인드가 실시되면서 많은 학생들은 면접이 어려웠다는 말을 많이 한다. 2차 면접은 보통 생활기록부와 자기소개서 기반으로 질문하는 학교가 많다. 그런데 이 질문의 난이도가 갈수록 어려워진다는 것에 집중해야 한다. 실제 꼬리 물기 질문도 많이 나오고 있으며 본인의 생활기록부에 있는 책에 대한 질문도 많아지고 있다는 것이다. 자기소개서 폐지 이후 생활기록부에 대한 내용을 교수와 입학사정관들은 더 깊이 있고 집중적으로 질문하여 지원자가 잘 알고 활동한 것인지에 대해 검증하는 질문들이 많아 질 것이라는 생각을 한다. 특히 그동안 독서와 관련하여 아이들이 보통 책을 읽고 생활기록부에 올리기 보다는 인터넷의 책소개, 블로그 서평 등을 보고 올린 경우가 많았다. 현재 독서활동상황이 2024학년도부터 미반영이 되면서 과목별 세부능력 특기사항에 올리는 학교들이 증가하고 있다. 이러한 경우에 꼭 책을 읽고 올리는 것을 추천하며 면접 가기전 본인 생활기록부에 들어가 있는 독서는 따로 정리하여 철저히 대비하는 것이 중요하다. 더군다나 전공과 관련된 도서는 세부 질문도 나올 수 있으니 더 꼼꼼하게 체크하는 것을 잊지 말아야 한다. 이외에도 생활기록부에 전공과 관련한 활동은 필수로 정리해야 할 것이다. 자기소개서 폐지와 더불어 면접의 난이도는 한 층 더 높아지기 때문에 자신의 생활기록부에 정리된 독서와 전공 관련된 도서는 반드시 정리해둬야 한다는 중요성을 기억해두어야 한다.

생활기록부 축소 자세히 알아보자

2024학년도부터는 생활기록부 기재 항목이 크게 축소된다. 많은 학생들은 이 소식을 듣고 대부분 학부모님들은 오히려 간소화됨으로 인해 좋다는 말을 많이 한다. 과연 생활기록부 축소를 대비 하여 과연 어떻게 대비해야 하는지 알아보자.

생활기록부 항목

1. 인적, 학적사항

인적사항의 경우 학생의 기본정보가 들어가는 기본 항목이다.

2. 출결상황

출결상황의 경우 미인정이 많을 경우 학생부종합전형에서 성실성에 대해 문제가 될 수 있다. 개근일수록 좋지만, 질병의 경우 결석과 지각 마이너스가 되는 부분은 없다. 다만 이러한 상황들이 너무 많을 경우 마이너스가 되기도 한다. 특히 30개 이상 질병 지각과 결석이 많았던 친구는 면접에서 수많은 질문을 받았고 결국 불합격이 되었다는 점을 참고하자. 그래서 웬만하면 질병이 심하지 않을 경우에는 되도록 출결상황의 중요성을 인지하도록 해야 한다.

3. 수상경력(기록가능 / 대입 미반영)

교내대회만 수상실적이 기록이 된다. 간혹 외부대회에서 우수한 실적을 만들었는데 왜 생활기록부에 기록이 안 되는지 모르겠다고 말하는 학생과 학부모들이 종종 있다. 하지만 생활기록부에는 외부 활동이 입력이 안 된다는 점을 꼭 잊지 말자. 외부 활동들의 우수실력들은 지나치게 허와 실이 많고 상장들이 남발하는 경우가 다수이기 때문이다. 그러다보니 교내대회만 기록이 가능하며 대입에는 미반영이 되기 때문에 수상을 했을 경우 세부능력 및 특기사항 입력 하거나 혹은 행동특성 및 종합의견에 넣을 수 있는지 학교 측에 꼭 확인해보자. 왜냐하면 교내대회 수상경력이 여러가지 특성상 유리한점이 많기 때문이다.

4. 자격증 및 인증 취득상황

국가 자격증은 입력이 가능하다. 자격증이 대입에 반영이 되었을 경우 경영학과, 경제학과 준비 했던 학생들이 국가공인 한경 TESAT 자격증을 취득하여 생활기록부에 입력한 경우가 많았다. 최근에는 자격증 기록은 가능하지만 대입에서 미반영이 되면서 자격증을 취득하지 않아도 된다는 점을 잊지 말자. 그렇기 때문에 지나치게 자격증을 따는데 시간을 낭비할 필요는 없다.

5. 창의적 체험활동상황

창의적 체험활동에서 가장 중요한 항목은 진로활동이다. 과거에는 동아리 활동이 중요했지만 최근에는 동아리 활동보다는 진로활동을 더 중요하게 생각하는 이유는 각 대학들이 주로 진로활동과 관련된 질문들도 면접을 주로 많이 평가하고 있다는 것이다. 교내에서 하는 진로활동은 창의적 체험활동 시간에 주로 하는 활동들도 있지만, 교내 자체적으로 도서릴레이활동, NIE스크랩활동, 공학탐구활동 등 진행하는 경우가 많다. 모든 활동에 참여 할 필요는 없지만 적극적으로 진로와 연관성 있는 활동을 참여 할 경우 진로활동의 전공적합성은 각 대학들의 교수님들과 입학사정관들에게 우수한 평가를 받을 것이다.

자율 활동은 학교에서 진행하는 학교폭력교육, 식중독예방교육, 정보통신 윤리 교육 등 여러 교육들이 들어가는 내용이다.

동아리활동의 경우 교내에서 진행하는 동아리로 모든 학생은 동아리를 선택하여 들어 갈 수 있다. 여기서 가장 중요한 것은 동아리에서 본인의 전공과 관련된 활동을 하는 게 중요하다. 물론 인기 동아리의 경우 마감이 빠르다 보니 본인이 원하는 동아리에 들어가지 못하는 경우도 많다. 하지만 인기 있는 동아리도 좋지만 가장 우선시 되어야 할 것은 본인의 전공과 관련된 것을 찾아 활동을 꾸준히 하는 것이 중요하다. 그럼 하나의 예시를 보자.

　예시) AI학과를 지망하는 학생이 혹시라도 도서부 동아리에 들어갔다면 그 동아리 안에서 본인의 전공과 연관 지어 활동하는 것이 중요하기에 이 학생은 학교 도서 목록을 가지고 각 학과별 도서를 알려주는 프로그램을 코딩으로 제작하여 그러한 시스템을 이용하는데 훨씬 간편하고 유용한 것으로 인정받아 우수한 활동으로 평가 받았다.

　이렇게 본인의 진로와 연관성 없는 동아리에 들어갔다고 포기하기 보다는 그 안에서 본인의 진로에 관련된 활동을 찾아서 적극적으로 하는 것이 중요하다. 자신의 진로와 관련된 것을 어떻게 적용하느냐에 따라 원하는 동아리가 아니더라도 자신에게 맞게 다시 짜임새 있게 적합한 것을 창의적으로 적용시켜 나가면 되는 것이다. 즉 자신에게 맞게 디자인하여 새롭게 연관 지어 나가는 것이다. 물론 이왕이면 본인 전공과 관련성 있는 동아리에 들어가면 제일 좋다. 그런데 그게 쉽지 않을 때는 포기하거나 실망할 필요가 없다. 위의 예시처럼 자신의 전공적합성을 잘 짜서 새로운 방법을 모색하여 자신만의 활동을 디자인하면 된다.

　봉사활동의 경우 2023학년도까지 외부봉사활동을 생활기록부에 넣을 수 있었다. 하지만 2024학년도 대입부터는 교내봉사활동만 입력이 가능하다. 교내봉사활동의 경우 교내에서 환경봉사단, 급식도우미, 과학나눔봉사단 등 봉사활동을 모집하는 경우가 많다. 간혹 학부모님들 중에 봉사활동 아예 미반영으로 알고 있는 경우가 많다. 그래서 학생들은 잘 눈여겨보았다가 그런 모집이 있을 경우 잘 찾아서 활동해야 한다. 결코 미반영은아니며 교대봉사활동은 생활기록부에 기록될 수 있다는 점을 가능한 점참고하자.

6. 교과학습발달상황

교과 학습발달상황은 과목별 등급을 나타내주기 때문에 내신등급은 입시에서 가장 중요한 관건이다. 내신관리는 기본으로 가장 잘 관리해야 한다는 것을 잊지 말자.

세부능력 및 특기사항은 과목별 선생님이 모두 작성해주는 항목이다. 예를 들면 고등학교 1학년의 경우 국어, 영어, 수학, 통합사회, 통합과학, 한국사, 기술가정, 정보 등 학교 시간표에 나타난 과목은 모두 입력이 가능하다. 각 과목별 선생님은 500자 입력이 가능한데도 불구하고 간혹 한줄 두 줄 정도 밖에 써주는 선생님들이 많다. 그럴 경우 본인이 했던 수행평가 내용을 가지고 해당 과목 선생님을 찾아가서 이런 수행평가를 제출했으니 입력해 달라고 정중하게 부탁하는 것이 중요하다. 생활기록부 입력 권한은 과목별 선생님한테 있기 때문에 선생님을 찾아갈 때는 정중하게 부탁해야 하고 꼭 예의바른 태도로 공손하게 하는 것을 잊어서는 안 된다. 선생님들은 학생들이 정중하게 예의바른 행동으로 스승을 대하는 것을 좋아하기 때문이다. 물론 평소에 선생님께 공손한 태도를 보이는 게 좋으며 자주 수업시간에 선생님과 눈을 마주치며 열심히 수업을 듣고 질문을 한다면 선생님과의 친분을 쌓아두는 것도 하나의 방법이다.

이외에도 수행평가 말고도 학교에서 과목별 세특에 써 준다고 하는 활동은 적극적으로 참여하는 것이 좋다. 특히 과목별 부장 활동은 좋은 결과를 얻을 수 있으니 성실하게 임해야 한다는 것을 꼭 참고하여 기억하자.

7. 독서활동사항

2023학년도 입시까지는 독서 항목에 학생들이 평균적으로 학년 별 10권 이상 입력한 경우가 많았다. 최근에는 독서활동상황이 미반영이 되면서 과목별 선생님들이 세부능력 및 특기사항에 입력해주는 경우가 차츰 증가하고 있다. 실제 과거 대비 수행평가에 본인의 진로와 연관성 있는 책을 활용하여 진행하는 경우가 증가하고 그만큼 전공과 관련된 독서는 생활기록부에 입력하는 것이 중요하다. 또 한 학교는 학급에서 아침 독서 시간을 만들어 본인 진로와 연관성 있는 도서를 읽고 독서 노트를 만들어 제출 할 경우 자율 활동에 기재 해준다는 학교도 있었다. 그만큼 독서활동상황이 대입에서 미반영이 된다하더라도 생활기록부에는 자신의 진로와 관련된 도서명을 반드시 넣어 기록하는 것은 중요하다.

8. 행동특성 및 종합의견

행동특성 및 종합의견의 경우 담임선생님이 학생에 대해 마지막으로 평가하는 항목이다. 수시원서 접수 시에는 고등학교 1학년, 2학년 까지 내용이 들어가며 고등학교 3학년의 경우 아직 3학년이 끝나지 않기에 내용 입력이 되지 않는다는 점을 참고하자.

행동특성 및 종합의견의 경우 과거에는 인성과 관련하여 많이 작성해주셨지만 최근에는 전공에 대해 얼마나 열정적이고 노력을 하고 있는지 과정에 대해 작성해주는 담임선생님들이 많다. 그래서 담임선생님이 본인이 가고자 하는 전공에 대해 구체적으로 알고 있을수록 좋기에 학생 본인이 PR을 적극적으로 하는 게 중요하다. 자주 담임선생님과 커뮤니케이션을 하면서 학구열에 대한 열정의 간절함을 표출할 필요가 있다.

또 담임선생님이 모두 작성하기에는 내용이 많다 보니 2학기 기말고사 끝나기 전 후로 종이 한 장을 나눠주면서 내용을 작성해오라고 하는 경우가 많다. 그 내용 안에는 본인의 장점과 단점, 본인이 원하는 학과, 그 학과를 가기 위한 현재 노력 등을 작성해오라고 한다. 그럴 때는 그것들을 구체적으로 성실하고 꼼꼼하게 작성할수록 유리하다는 것을 잊지 말자.

생활기록부 학교 선생님이 다 알아서 챙겨주는 것 아닌가요?

학생과 학부모들 중에 생활기록부와 관련하여 학교 활동에 모두 참여하면 학교 선생님들이 알아서 모두 생활기록부에 기재해 줄 것이라고 생각하는 경우가 많다. 하지만 실제 학생이 10가지 활동을 했더라도 5가지 활동 밖에 안 되는 경우도 많다. 실제 학급에서 회장, 부회장을 하면서 한 학기 동안 열심히 학급을 위해 희생했지만 생활기록부에는 반영이 안 되는 경우도 의외로 많았다. 이런 이유에 대해 살펴보면 담임선생님들이 놓치고 그냥 지나친 경우였다. 담임선생님이 어떻게 이런 중요한 내용들을 깜박할 수 있냐고 물어보는 학부모들이 많다. 하지만 담임선생님은 학생과 학부모가 생각하는 것보다 다른 업무까지 겹쳐서 바쁜 교사들이다. 생활기록부 마감 시즌에는 일단 자기가 담당하고 있는 반 학생들의 창의적 체험활동에서 동아리활동을 제외하고 모두 작성해야 하며, 행동 특성 및 종합의견도 모두 작성해야 한다. 최근에는 인원수가 줄어서 한 반에 20명

~25명이라고 해도 굉장히 많은 업무이다. 여기에 본인이 맡고 있는 학생들의 동아리내용도 입력해야 하며, 본인 과목의 세부능력 및 특기사항까지 입력해야 하니 양이 많을 수밖에 없다. 그러다보니 놓치는 경우가 많을 수밖에 없다. 학생은 이 사실을 인지하고 혹시 본인 생활기록부에 활동이 빠진게 없는지 스스로 체크하는 것이 중요하다. 그러기 위해서는 활동과 수행평가 항목들에 대해 정리하는 습관이 필요하다. 그래서 생활기록부 마감 시즌에는 항상 리스트를 가지고 다니면서 생활기록부에 기재할 내용들이 빠진 게 없는지 수시로 체크 해야 하고 마감 시즌 전까지 꼼꼼히 살펴보고 점검해서 손해 보는 일이 없도록 해야 한다.

생활기록부 마감 때 간혹 생활기록부를 보여주지 않는 학교들도 있다. 이럴 경우 반드시 담임선생님께 마감 전 꼭 확인해보고 싶다고 정중히 부탁을 드리는 게 좋다.

결국 생활기록부는 각 과목별 선생님이 혹은 담임선생님이 챙겨주는 것이 아니라 본인이 스스로 챙기는 것이 가장 중요하며, 그러기 위해서는 모든 과목별 선생님과 유대관계를 원활하게 지내는 것이 좋으며 평소 모든 과목의 수업시간에 바른 태도를 유지하는 것이 좋다.

간혹 상위권은 담임선생님과 과목별 선생님이 알아서 챙겨주지 않냐는 질문을 하거나 특목고, 자사고, 외고라서 알아서 챙겨줄 것이라고 착각하는 경우가 많다. 그것은 잘못된 생각이다. 생활기록부는 학교에서 챙겨주는 것이 아닌 본인이 스스로 챙기는 게 중요하며 만약 본인이 깜박하고 놓친 활동은 이미 생활기록부 마감되고서는 절대 수정이 불가능 하니 잊지 말고 잘 챙겨야 한다.

대학이 선호하는 생활기록부는 어떤 것일까요?

　　최근에 "저는 생활기록부 양이 많은데 왜 불합격 했을까요?" 라고 말하면서 한 학생이 컨설팅을 신청했다. 그 친구는 무역학과를 지원하기 위해 공정무역이라는 단어들 사용이 생활기록부에서 많이 기재되어 있었다. 이 친구에게 무역학과는 대학에서 공정무역을 배우는 학과가 아닌데 왜 공정무역 단어가 많은지에 대해 물어 봤더니 본인은 무역학과에 입학하여 공정무역을 하고 싶다는 의견을 제시했다. 실제 그 친구에게 무역학과 홈페이지에 들어 가봤는지 질문하였고 그 친구는 한 번도 들어가 본 적이 없었다는 답변을 했었다. 과연 이 친구는 무엇을 잘못했을까? 이 학생은 생활기록부에 무역학과에서 원하는 인재상에 맞춰서 디자인하지 않았다는게 이 친구의 실수였다. 무역학과는 무역을 잘 할 수 있는 인재를 양성

하는 학과이기에 오히려 무역과 관련된 이슈들을 더 깊이 있게 탐구하고 무역과 관련한 선화증권이나 무역증권 등 무역실무에서 사용되는 무역서류들에 대해 생활기록부에 기재되었더라면 더 우수한 평가를 받았을 것이다. 그런데 실제 무역학과를 준비 하는 많은 친구들은 어설프게 학과에 대한 정보도 없이 공정무역에 대해 훨씬 많이 생활기록부에 넣는 경우가 많다. 내가 맡았던 친구 중에 무역학과에 합격한 친구들은 본인이 상품을 설계하여 해외 어느 시장에 진출할 것인지 유통계획까지 세워서 친구들과 함께 탐구한 활동들을 했었다. 결국 이 친구는 성적이 부족한데도 불구하고 좋은 대학에 합격 할 수 있었던 것은 바로 상품설계에서부터 어떤 시장으로 진출할 것인지 유통계획은 어떻게 해야 하는지 까지 깊이 있게 전공에 맞춰서 탐구한 학생으로 학과 인재를 스스로 터득하고 연구한 결과인 것이다. 여기서 알 수 있는 점은 각 학과가 원하는 활동과 원하지 않는 활동이 있다는 것이다. 그것을 알기 위해서는 본인이 가고자 하는 학과 홈페이지에 들어가서 교육 과정과 개설과목을 확인 하는 것이 중요하다. 이런 정보도 없이 대학에 원서를 넣는다면 어떻게 합격할 수 있겠는가? 누군가가 고기를 잡아 내 입맛에 맞게 요리해주기를 기다릴 것이 아니라 내가 잡은 고기를 스스로 요리하여 나만의 방법으로 요리하여 맛을 내는 것이 중요하다. 대학은 전자가 아니라 후자인 학생이 다소 성적이 조금 부족하더라도 각 대학은 그런 인재상을 뽑을 확률이 큰 것이다. 그러니 그만큼 본인이 가고자 하는 전공에 대한 분석은 꼭 필요하다.

생활기록부 양이 많다고 합격하는 시대는 끝난 지 오래다. 가장 중요한 것은 생활기록부에 전공과 관련된 깊이가 얼마나 있고 열정이 얼마나 있는지 들어 나는 게 가장 중요하다는 점을 잊지 말자. 이제 생활기록부는 양보다 결국 질의 싸움이다. 즉, 알차고 알맹이가 튼실한 것을 대학은 원하는 것이다.

제3부

학년별 생활기록부
관리 방법

고등학교 1학년

고등학교 입학 후 생활기록부 관리와 관련해서 제일 중요하게 결정해야 하는 것은 바로 동아리 활동이다. 동아리 활동의 경우 본인의 진로와 연관성 있는 동아리에 들어가는 것이 유리하기 때문에 입학전부터 진로에 대해 구체화 하는것이 매우중요하다.

동아리가 결정된 후 동아리 활동을 살펴보면 보통 2학년 선배들이 이미 커리큘럼을 만들어 놓았기 때문에 그것에 맞춰서 활동할 수밖에 없는 경우도 많다. 하지만 이 때 중요한 것은 자유주제 활동을 선배들에게 제안해서 최대한 하는 것이 중요하다.

그리고 1학년 대상으로 진로검사를 실시하는 학교들이 많아지고 있으며 그 진로검사 데이터를 바탕으로 진로선생님과 면담을 진행하는 경우가 많다. 진로를 결정하지 못했다면 이 검사 데이터를 참고 하는 것이 중요하다. 이외에도 대학생 멘토들이 학교에 직접 와서 본인에 대한 전공 설명을 하는 멘토링 활동, 직업과 관련된 여러 특강들이 교내활동으로 진행된다. 이때 적극적으로 참여하는 것이 중요하다. 그 이유는 진로를 결정하는데도 도움이 되지만 생활기록부 진로활동에 담임선생님이 입력해주는 경우가 많다. 1학년은 대학교에 무슨학과들이 있는지 잘 모르는 경우가 많기 때문에 여러 학과들에 대한 특강과 직업인 특강을 듣고 진로를 결정하는 것도 중요하다. 그 이유는 2024학년도부터는 대입 자기소개서가 폐지 됨에 따라 생활기록부가 학생부종합전형에서는 중요한 평가요소가 되었기 때문에 각 과목별 담당선생님은 수업시간 수행평가를 진로와 연관지어 진행하는 경우가 많다.

예를 들면 영어시간에 본인의 진로와 연관 있는 영어기사를 스크랩 후 친구들에게 발표하기, 나의 롤모델 소개하기등 이런 수행평가가 진행되는데 진로가 결정 되지 않았을 경우 학생들 본인이 가장 하기 쉬운 주제를 결정하여 수행평가를 한다. 그럴 경우 향후 생활기록부 영어과목의 세특에 전공과 관련 없는 내용이 기재될 수밖에 없다. 1학년 아이들이 가장 많이 하는 실수가 수행평가 과정에서 본인의 진로와 연결 지어서 수행평가를 하지 않는다는 점이다. 그리고 2학기 말에 수행평가에 들어 가지 않더라도 선생님은 본인의 진로와 연관시켜 발표할 사람을 모집하는 경우가 있다. 이때도 1학년 친구들은 귀찮다는 이유로 적극 참여를 하지 않는 경우가 많은데 적극 참여하여 과목별세특을 한 줄이라도 더 챙기는 것이 중요하다. 특히 다른 친구들은 하지 않는데 혼자만 생활기록부를 적극 챙기는 것 때문에 간혹 부담을 느끼는 학생들도 있다. 하지만 본인의 경쟁자는 우리학교 학생들이 아닌 전국의 고등학생이라는 점을 절대 잊지 말자.

이외에도 과목별 부장 모집에 적극 참여하여 본인의 진로와 연관성 있는 과목은 참여해보는 것도 도움이 된다. 특히 수업시간 태도는 중요할 수밖에 없다. 간혹 선생님 수업이 마음에 들지 않아서 수업시간 집중하지 않거나 졸면서 수업을 듣는 학생들이 있다. 이럴 경우 과목별선생님은 세특을 절대 길게 써주지 않을 것이다. 이점을 참고하여 매 수업시간 최선을 다해 집중하자.

독서활동이 미반영된다는 이유로 1학년의 경우 독서가 중요하지 않다고 생각하는 경우가 많다. 하지만 본인의 전공과 연관된 도서를 읽는 것이 중요하기에 학교 과목별 선생님이 책을 제출해야 한다고 할 경우 꼭 잊지 말고 제출하는 것을 추천한다.

그리고 학교에서 1인1역이나 혹은 멘토멘티 프로그램을 운영하는 경우가 종종 있다. 이럴 경우도 귀찮다는 이유로 혹은, 학원을 가야 하는 이유로 참여하지 않다보면 오히려 낭패를 볼 수 있다. 반드시 참여하여 생활기록부에 기재 될 수 있도록 꼼꼼하게 챙겨 준비해 두는 것을 잊지 말고 참고하자.

고등학교 2학년

고등학교 2학년 되면 3월 첫째 주에서 둘째주에 해야 하는 것이 있다. 바로 본인의 1학년 생활기록부를 확인 하는 것이다. 생활기록부를 인쇄하여 본인의 진로와 연관성 있는 단어들을 동그라미로 표시 해보면서 체크하고 전공적합성이 얼마나 들어갔는지 반드시 확인해야 한다. 본인의 전공과 관련된 내용이 부족하다면 2학년 생활기록부에 어떻게 채우면 좋을지에 대한 로드맵을 세우는 것이 매우 중요하다.

간혹 2학년이 된 후 진로의 방향을 다른 학과로 바꾸는 것을 걱정하는 학생들도 있는데 2학년 때 진로를 바꾼다고 해서 대입에서 무조건 불리하다고 말할 수 없다. 따라서 진로가 바뀌었을 경우 2학년과 3학년 생활기록부의 진로의 방향성을 하나의 방향으로 맞추면 되는 것이다. 하지만 가장 좋은 케이스는 1학년부터 3학년까지 진로의 방향이 일치하는 것이 유리하다는 것을 잊지 말자.

그리고 동아리 활동의 경우 1학년과 달리 2학년 때는 본인이 적극적으로 활동을 기장에게 건의 할 수 있는 상황이 되기 때문에 본인의 진로와 연관성 있는 활동을 할 수 있도록 동아리 활동을 설계하는 것이 좋다. 그리고 학년이 올라갈수록 성적관리가 중요하기 때문에 시간이 많이 할애되는 활동들은 가급적 피하는 게 좋다. 최대한 시간을 효율적으로 관리 하면서도 전공과 연관성 있는 심화 활동을 기획해 보는 것이 유리하다.

대입에 수상기록은 미반영이지만 여전히 많은 학교들은 교내대회를 주최해서 진행하고 있다. 그래서 이런 행사는 반드시 본인의 전공과 연관성 있는 대회로 참여하는 것이 좋다. 예를 들면 영어영문과를 준비하는 학생이라면 영어말하기대회, 영어에세이대회등에 참여하여 수상한다면 영어 과목별세특에 최대한 반영되도록 영어선생님께 적극적으로 어필해보는 것이 좋다. 혹은 기계공학과, 전자공학과를 준비하는 학생이라면 4월 과학의 달을 맞이하여 과학과목에서 주최하는 발명품대회 혹은 4차산업 발표대회등에 참여하여 본인의 전공에 열정적인 관심을 보이는 것도 자신의 전공적합성에 유리한 장점을 지니고 있음을 나타낼 수 있다. 그래서 발명품대회에서 혹시 상을 받지 못해도 참여했던 것을 과학선생님께 적극적으로 세특에 입력가능한지 여부도 체크해보는 것도 좋다.

수행평가를 진행할 때 2학년 때도 전공과 관련된 내용 중심으로 하기보다는 본인이 접하기 쉬운 주제를 하는 경우가 있는데 최대한 전공과 연결성 있게 하는 것이 중요하다. 특히 독서에서도 쉬운 책 보다는 전공과 관련된 도서를 반드시 넣는 것을 잊지 말자. 이외에도 수행평가에서 진로와 연결하기 어려운 경우들이 종종 있다. 예를 들면 영어시간에는 영어단어 시험, 생명과학시간에는 유인물 작성해서 제출하기, 문학의 경우는 이미 추천목록을 주고 그 중에서 책 읽고 독후감작성 같은 경우는 전공과 연결하기 어려울 때가 있다. 이럴 경우는 학기말에 과목별 선생님을 찾아가서 본인의 전공에 대한 충분한 설명을 하고 과목과 연결하여 개인발표를 할 수 있는지 여부도 반드시 체크하는 게 중요하다.

그리고 수행평가를 팀으로 진행하는 경우가 있는데 이럴 경우 진로가 서로 달라서 어떻게 해야 하는지에 대해 스트레스 받아하는 학생들이 있다. 팀으로 하는 수행평가는 최대한 팀원들과 커뮤니케이션을 진행하여 서로의 전공의 관심사를 파악한 후 본인의 전공과 융합할 수 있는지의 여부를 판단하여 진행하는 것이 좋다.

그리고 학교에서 진행하는 진로행사에는 전공과 관련된 활동의 경우 적극적으로 참여하면 좋다. 그러나 고교학점제로 인해 공동교육과정의 경우는 취지는 좋지만 참여하는 위치가 너무 멀거나 또는 시간 소모가 많이 될 경우는 피하고 내신공부에 집중하는 것을 추천한다.

마지막으로 생활기록부를 잘 관리하기 위해서는 2학년 때 진행한 활동목록들을 미리 메모하여 가지고 있는게 중요하다. 간혹 수행평가에서 열심히 준비했지만 기재가 누락되는 경우가 있기 때문에 본인이 스스로 체크하고 누락이 되지 않도록 생활기록부를 꼼꼼히 살펴보는 것을 잊지 말고 챙기자.

고등학교 3학년

    고등학교 3학년은 생활기록부를 최대한 자신의 전공적합성에 끌어 올릴 수 있는데 있어서 그만큼 중요한 학년이라고 말할 수 있다. 그동안 부족했던 생활기록부 내용을 채워야 하는 시기이기 때문에 무엇이든 적극적으로 참여하는게 가장 중요하다.

    그런데 가끔 3학년의 경우 동아리 활동이 축소되기 때문에 입력되는 내용이 없다고 말하는 학생들이 많다. 심지어 동아리 시간에 자습했다는 말을 많이 한다. 그래서 중요한 것은 3학년 동아리 담당 선생님을 찾아가서 생기부에 동아리 활동 항목을 어떻게 채우면 좋을지에 대해 꼭 논의 하는게 중요하다. 혹은 3학년 동아리 선생님이 활동 관련 가이드를 공지하는 경우도 있으니 그것에 맞춰서 활동을 하는게 중요하다. 3학년은 공부를 다른 학년에 비해 더 많이 해야 하는 시기이다 보니 학교에서도 팀으로 하는 활동보다는 개인과제를 제출하라는 경우가 많다. 이 때 본인의 진로와 연관된 심화성 있는 주제를 선택하여 탐구보고서를 작성해야 한다.

3학년은 과목별 수행평가들이 다 진로와 연관된 주제로 진행하는 경우가 많다. 특히 진로선택과목(여행지리, 영어권문화, 생활과 과학 등)은 시험을 보지 않고 수행평가로 평가하는 학교들도 많다. 따라서 이 때 수행평가는 진로와 연관된 주제로 철저히 준비하여 생활기록부에 기재 될 수 있도록 챙겨야 한다. 종종 진로 선택과목의 세특은 중요하지 않다고 생각하는 학생들이 있는데 중요하다는 점을 잊지 말자. 2024학년도 자기소개서 폐지로 인해 생활기록부 과목별 세특은 대학에서 꼼꼼하게 살펴볼 수밖에 없다. 특히 해당 전공의 교수님들의 경우 세특에서 본인의 전공과 관련된 내용들만 눈에 들어올 확률이 높다. 전공심화된 주제로 세특을 관리 할 경우 교수님들은 흥미를 가지고 면접에서 그와 관련된 질문들을 많이 할 수밖에 없다. 3학년일수록 과목별세특을 더 세심하게 전공과 연관성 있게 채워넣을 수 있도록 스스로 노력하는 태도가 중요하다. 이외에도 수행평가로는 독후감 활동을 하지 않았더라도 본인이 과목별 선생님을 찾아가서 세특에 전공과 관련된 도서를 가지고 독후감이나 서평을 쓸 경우 입력해주는 것이 가능한지 여부를 체크해 보는 것이 중요하다. 그래서 3학년 아이들의 컨설팅을 진행하면 과목별선생님께 적극적으로 찾아가서 세특 내용을 추가 할 수 있는지 여부를 반드시 확인 하라고 말한다. 그리고 선생님을 찾아가서는 정중한 태도로 부탁을 해야 한다고 말한다. 그 이유는 선생님보다 본인이 더 절실하기 때문이다. 한 줄 한 줄이 대입의 성공과 실패를 결정한다는 것을 잊지 말자.

또 3학년도 교내대회에 참여해야 하는지에 대해 질문하는 경우가 있다. 우선 3학년은 공부가 가장 1순위이기에 대회에 참여하기보다는 공부에 집중하는게 중요하지만 본인의 생활기록부가 부족하다면 대회에 참여하여 세특에 입력될 수 있도록 하는 것도 하나의 방법이 될 수 있다.

그리고 3학년이 되어 이제라도 생활기록부를 챙기면 학생부종합전형에 합격할 수 있는지에 대해 질문하는 학생들도 많다. 하지만 이 학생들의 생활기록부를 살펴보면 나름대로 1학년과 2학년 학교 수행평가를 하면서 생활기록부를 챙긴 흔적들이 종종 보인다. 교수님들과 입학사정관들도 살펴보다보면 눈에 들어올 수밖에 없기에 늦지 않았다 생각하고 3학년이라도 생활기록부를 적극적으로 챙기자. 그러면 학생부종합전형에 충분히 도전해 볼 수 있다고 생각한다.

그런데 1학년 때와 2학년 때 진로가 다르고 2학년 때와 3학년 때 진로가 다를 경우 학생부종합전형에서 좋은 평가를 받기는 어렵다. 1학년~3학년 모두 진로가 다르게 생활기록부 방향성을 만들기 보다는 1학년은 달라도 2학년과 3학년의 진로 방향성은 하나의 방향으로 맞추는 것을 추천한다.

마지막으로 3학년 수행평가 진행되었던 목록들은 정리 하여 원서 접수 전 8월 생활기록부 마감 전에 본인이 활동하고 참여 했던 내용들이 모두 기재 되었는지 반드시 꼭 다시 한 번 더 꼼꼼히 살펴보고 확인하자.

제4부

학과선택 지금 당장
해야 하는 이유

문과 vs 이과 현재 어디가 유리한가요?

    문과 VS 이과 왜 고민해야 하는지에 대해 모르는 학생과 학부모가 생각난다. 사실 통합과정인데 왜 고민을 해야 하냐고 물어보는 경우가 많다. 하지만 1학년 1학기 중간고사 혹은 기말고사 끝나고 나면 학교에서는 학생들에게 종이를 나눠주면서 본인이 듣고 싶은 과목 선택을 하라고 가이드를 준다. 그 때 많은 학생과 학부모들은 무엇을 선택해야 할지 고민이 많을 수밖에 없다. 이럴 경우 2학년 과목을 사회중심으로 선택하면 문과 쪽으로 방향이 잡힐 것이고 과학중심으로 선택하면 이과 쪽으로 선택된다는 사실을 잊지 말아야 한다. 사실 말이 문이과 통합교육과정이지 실제로 무수히 했던 이야기들이다. 교육현장에서는 문과 이과 나눠지는 셈이다.

    문과 선택 시 취업이 어렵다는 말은 약 10년 전부터 나왔던 소리이다.

그만큼 문과 취업이 어렵다는 뉴스와 신문기사들이 쏟아지면서 이과 대비 문과의 일자리는 그만큼 부족한 것이 사실이다. 최근 몇 년간 문과 나온 학생들이 취업이 어렵다 보니 대학 입학 후 인문계열의 일부 학생들은 코딩을 배워서 개발자가 될 수 있는 방법을 미리부터 찾는 경우가 많아지고 있다. 예전에는 경제학과나 경영학과의 경우 금융사 공채에 많이 도전하는 학생들이 많았는데 최근에는 금융서비스가 IT기술을 결합하여 고객들이 스마트폰으로 모든 은행 업무가 진행하다 보니 IT와 관련된 인력을 더 선호하는 추세로 그 방향을 잡아가고 있다. 심지어 '문송합니다' 라는 말이 생길 정도이다. '문송합니다.' 뜻은 문과라서 죄송합니다의 줄인 말이다. 실제 문과의 많은 학과들은 통폐합 되어서 학생들의 불만이 많아지는 것을 커뮤니티를 통해 알 수 있다. 4차 산업혁명의 시대에 맞춰서 최근 많은 대학들이 신설학과를 만들고 있지만 문과 신설학과는 거의 없으며 대부분 이과에서 4차 산업혁명과 관련된 신설학과들이 증가하고 있다. 이러한 상황에서 과연 문과를 가는 것이 맞는지에 대해 고민해봐야 한다. 그렇다고 아예 문과 지원을 하지 말라는 것이 아니라 본인에게나 미래의 직업을 선택하는 게 있어서 고민을 충분히 해보라는 것이다.

요즘 이과는 최근에 AI(인공지능)학과, 반도체학과, 모빌리티학과, 데이터사이언스학과등 4차 산업과 관련된 학과를 신설한 학교들이 많다. 그리고 이러한 학과들은 모두 현재 기준으로 취업이 잘 될 수밖에 없는 학과이다. 문과 대비 이과가 학과 선택 폭이 다양하며 취업도 훨씬 잘 된다는 장점을 살려서 이과를 선택하는 것이 대입에서는 유리하다는 것을 말해두고 싶다.

그렇다면 문과는 어떻게 해야 대학을 잘 갈 수 있는가? 취업이 과연 안 되는가? 이 두 가지를 살펴보자.

문과라고 해서 대학의 선택이 불가능하다는 것은 아니다. 문과도 인기학과 비인기학과 중 비인기학과로 준비 하면서 내신관리와 생활기록부 관리를 열심히 한다면 당연히 대입에 성공할 수 있다. 특히 수학은 어려워 하지만 암기를 잘 하는 친구들이 보통 문과를 선호하며 문과에 속하는 학과 진학을 하는데 유리하다. 예를 들면 이 친구가 영어영문학과를 진학했다고 하더라도 현재 취업현장에서는 채용 공고에 상경계열 우대라는 공고가 많기에 결국 무역학과, 경영학과, 경제학과등 상경계열에 속하는 학과를 복수전공할 수밖에 없을 것이다. 대학 입학 후 복수전공하면서 여러 대외활동을 하고 본인의 스펙을 만들어 나간다면 취업은 잘 될 것이라고 본다. 즉, 문과는 취업이 안 되는 것이 아니라 취업이 그만큼 어렵다는 것이다. 또 이과대비 연봉도 대부분 적은편이다. 그런 반면 이과학생들은 대학진학 후 본인이 전공한 산업 군에 가기 위해 여러 기사 자격증을 준비하고 스펙을 만들어 가면서 취업준비를 진행한다고 보면 된다. 그만큼 이과는 본인의 전공과 연관성 있는 산업군에 맞춰서 취업준비를 하기에 문과 보다는 좀 더 수월한 면이 있다고 볼 수 있다. 이처럼 학생들은 그만큼 대학 입학 후에도 놀지도 못하고 대학교 도서관에서 열심히 수학과 물리 문제를 풀고 공부를 하고 있을 것이다. 실제로 이과를 선택 후 대학 입학하면서 물리 과외, 수학 과외를 따로 받는 학생들도 많다. 제자 중에 연세대 수학과 입학했던 친구는 본인 동기 모두 과학고 혹은 특목고 출신들이 많아서 대학 들어와서 수학을 따라가는데 어려움이 많다는 얘기를 하면서 오히려 고등학교 때 보다 더 열심히 공부를 하지 않으면 안되는 분위기라고 했다.

그러니까 정리하자면 현재 대입에서는 문과보다는 이과가 유리하며 현재까지 취업시장에서도 이과가 유리하다. 이런 현상은 점차 더 늘어날 것이며 학생들은 이런 상황이나 정보를 파악하여 어느 쪽으로 선택하는 것이 자신의 미래를 설계하는 것이 유리한 것인가를 잘 파악해서 관리해야 한다.

수학이 부족해도 이과를 가면 좋은 이유

현재 수학 교육과정은 문과, 이과 아래 수학은 필수로 배정되는 과목이다. 고등학교를 졸업하기 위해서는 꼭 들어야 하는 과목이다.

	1학기	2학기
고1	수학(상)	수학(하)
고2	수 I	수 II

아래 과목은 선택과목이다. 문과의 경우 대부분 확률과 통계를 선택한다. 이과의 경우 확률과 통계, 미적분, 기하 3과목 모두 선택해야 하는 학교가 있기도 하며 혹은 확률과 통계를 제외하고 미적분과 기하만 선택하는 학교가 있다. 각 고등학교마다 커리큘럼이 다르기 때문에 각자 학교 교

육과정을 살펴보는 것이 중요한다. 학생들이 자기가 자닌 학교의 교육과정은 학교 홈페이지에서 확인 가능 하며 혹은 학교에서 입학식 때 나눠준 책자들에서 확인이 보통 가능하다.

확률과 통계	미적분	기하

정리하면 문과 학생이 고등학교 1학년 때부터 고등학교 3학년 까지 들어야 하는 수학 과목은 수학(상), 수학(하), 수Ⅰ, 수Ⅱ, 확률과 통계 총 5개 과목이다. 이건 무조건 의무로 들어야 하는 수학 과목이기에 문과를 간다고 해서 수학 공부양이 결국 적은 것이 아니다. 그래서 아예 수포자가 아니라면 이과를 가는 것도 나쁘지 않은 선택이다. 그 이유는 미적분을 해야 하는 어려움은 있을 수 있지만 기하는 등급제로 평가하는 과목이 아닌 A, B, C로 나오며 진로 선택과목으로 교과서만 열심히 해도 A를 받을 수 있어서 보통 시간 투자를 많이 안 해도 된다.

그리고 이왕이면 이과를 갔을 경우 선택할 수 있는 학과가 많아지기에 오히려 기회가 될 수 있다. 보통 문과를 선택한 친구들 중에서 간혹 수학이 2등급인 친구들도 만나게 된다. 그럴 때 마다 왜 이과가 아닌 문과를 선택했는지 물었을 때 본인은 수학을 못한다고 생각했던 적이 많았다고 한다. 이럴 때 많이 안타까움을 느낀다. 이런 친구는 수학이 어렵더라도 이과를 선택했다면 컨설턴트로써는 충분히 이과에서도 따라갈 수 있는 친구인데 문과를 선택한 것에 대한 아쉬움이 있다. 물론 문과를 선택한 이유에 과학이 어려워서 문과를 선택한 친구들도 있다. 그리고 또 현재 이과의 과학 선택과목은 물리, 화학, 생명과학, 지구과학 총 4가지이다. 하지만 이 중에서 생명과학과 지구과학의 경우 암기 과목에 가깝기 때문에 문과적 성향을 가진 친구도 충분히 따라갈 수 있는 과목이다. 그러니 과학을 못한다고 이과 가는 것을 두려워 할 필요는 없다. 수학성적을 충분히 올릴 수 있고 암기과목을 잘 하는 친구라면 이과 쪽으로 선택하는 것이 좋다. 왜냐하면 이런면으로 봤을 때 오히려 이과를 가면 선택의 기회가 훨씬 많아질 것이기 때문이다.

진로를 결정하고 학과 선택을 하는 방법

　수시전형 중에서 학생부종합전형은 3년 동안 하나의 진로를 향해 본인이 얼마나 열정을 가지고 그 학과 입학을 위해 준비 했는지를 생활기록부를 통해 보여주는 전형이라고 쉽게 설명 할 수 있다. 예를 들면 학교 수행평가 중에서 국어 선생님이 원하는 책을 읽고 서평을 제출 하라고 했을 때, 식품영양학과를 꿈꾸는 친구는 식품과 관련도서를 제출 할 것이고, 경영학과를 입학을 목표하고 있는 학생이라면 경영과 관련된 책을 읽고 서평을 제출 할 것이다. 이렇게 학과와 관련 도서를 읽고 서평 하는 것이 좋다는 것이다. 사실 고등학교 입학 전부터 '난 ㅇㅇ학과를 꼭 입학 할 거야.'라고 생각한 학생은 극소수 일 것이다. 그만큼 진로를 결정하는 것은 어려움이 많다. 그래서 많은 고등학교들은 학생들 입학 후 진로검사를 실시하는데 대부분 고등학교 1학년 때 진행하는 경우가 많다. 이 진로에 맞춰서 목표 학과를 설정하는 학생들도 있지만 대부분 많은 학생들은 진로를 잡지 못해 갈팡질팡한다. 고등학교 1학년 생활기록부부터 고등학교 3학년 생활기록부까지 살펴보면 뒤죽박죽인 경우가 많다. 고등학교 1학년 때는 행정학과를 목표 했다가 고등학교 2학년 때는 심리학과 고등학교 3학년 때는 무역학과 이런 식으로 학년 마다 진로의 선택이 바뀌었을 경우 생활기록부의 방향성도 일괄적이지 않아 상당한 어려움이 따른다. 그렇다면 진로를 어떻게 결정하고 학과 선택을 잘 할 수 있을지 살펴보자.

① 워크넷을 적극 활용하자.

진로검사를 실시하는 학교도 있지만 하지 않는 학교들도 있다. 그럴 경우 워크넷 사이트에 들어가면 청소년과 관련한 여러 검사들이 진행이 되는데 그 중에서 '고등학생 적성검사' 항목이 있다. 이 검사를 진행하면서 본인의 진로에 맞는 직업은 무엇인지 확인이 가능하다. 특히 직업만 알려주는 것이 아닌 적성능력이라고 해서 언어력, 수리력, 추리력, 공간능력, 지각속도, 과학능력, 집중능력, 색채능력, 사고유연성 등 다양하게 점수를 알려주기 때문에 문과성향인지 이과성향인지도 파악하는데 큰 도움이 된다. 최근에 10대~30대 사이에서 MBTI로 알아보는 성격이 유행이다. MBTI 성격에 맞춰서 직업을 결정하는 경우도 많다고 한다. MBTI와 비슷한 검사 종류로 좀 더 진로에 대해 상세히 알아 볼 수 있는 좋은 기회가 될 수 있으니 꼭 검사를 하는 것을 추천한다. 참고로 무료이며, 고등학교 담임선생님들 사이에서도 이 검사를 적극 아이들에게 추천하는 경우가 많다. 이렇게 진로선택을 하는데 이런 사이트를 적극적으로 이용하여 본인에 맞는 진로검사를 해보는 것도 학과 선택하는데 도움이 될 것으로 본다.

② 목표하는 대학의 학과 홈페이지는 꼭 들어가자.

고등학교 1학년 학생들을 만나면 목표 대학을 물었을 때 상당히 많은 학생들이 서울대, 연세대, 고려대, 성균관대 등 in서울 상위권 대학을 주로 말한다. 그런데 목표하는 학과를 물었을 때 대부분이 많은 학생들은 잘 모르겠다고 표현한다. 그만큼 자신이 원하는 대학은 쉽게 말하지만, 진로에 대한 결정을 제대로 선택하지 못한 학생들은 훨씬 많다는 것이다. 아이들은 초등학교부터 고등학교 까지 걸쳐오는 동안 진로가 최소 3번에서 많게는 10번 이상 까지도 바뀌는데 자신의 진로 선택이 어려운 것은 사실 일 것이다. 그래서 목표하는 대학의 학교 홈페이지를 들어가면 여러 가지 학과들에 대한 소개를 자세히 볼 수 있다. 특히 배우는 과목들에 대해 한 과목 씩 상세히 안내해주는 학교도 있다. 그러니 이런 자세한 정보를 이용하여 학과 졸업 후 어떤 일과 어떤 직업을 가지게 되는지 설명되어 있기 때문에 학과별로 나의 관심분야를 찾아보는 것도 좋은 기회가 될 것이다. 워크넷에는 최근 4차 산업과 관련된 직업이 나오지 않는 경우가 많은데 비해 학과 홈페이지에는 4차산업과 관련된 신설된 학과들의 정보도 있으니 학생 본인의 진로 선택하는데 있어 상당히 많은 도움이 될 것이다.

③ 교내 진로특강을 적극 활용하자.

　고등학교 3학년 학생들의 컨설팅을 하다 보면 왜 그 학과를 가고 싶은지 물었을 때 학교에서 진로와 관련한 특강을 듣고 도움이 많이 되었다는 말을 많이 한다. 그만큼 학교에서는 학생들의 진로선택의 도움이 되고자 다양한 직업인 특강, 각 학과 설명, 여러 교수님 특강 등을 통해 학생들에게 다양한 정보를 제공한다. 그 중에서 인상 깊었던 특강이 있을 경우 관련 도서를 읽어 보고 학과에 대한 정보는 인터넷 검색을 통해 자세히 알아보는 것이 좋다. 그래서 그 정보들을 검색한 후 본인과 잘 맞을 것 같으면 그 학과의 목표를 세워 생활기록부를 만들어 가는 것이 유리하다. 실제 평소 컴퓨터에 관심이 많았던 학생은 AI와 관련된 특강을 듣고 오히려 컴퓨터공학과도 좋지만 AI학과에 도전하고 싶다며 더 자세한 정보를 얻고자 컨설팅을 신청한 학생도 있었다. 그만큼 교내에서 이루어지는 진로관련 특강은 진로를 구체화 하는데 있어 큰 도움이 많이 되고 있으니 적극적으로 참여하고 열심히 듣고 메모해서 중요한 포인트를 놓쳐서는 안 된다.

학과 인재상에 맞게 생활기록부 관리 방법

지원하고자 하는 학과를 결정했다면 이제 어떻게 생활기록부를 관리하면 좋을지 알아보자. 생활기록부의 많은 항목 중에서 가장 중요하다고 생각하는 것은 바로 과목별 선생님이 작성해주는 세부능력 및 특기사항이다. 최근 많은 대학에서 입학설명회를 진행할 때도 이 항목에 대해 강조를 하고 있다. 그 이유는 바로 과목별 수행평가의 내용이다. 왜냐하면 학생들이 진행한 내용은 주로 과목별 선생님들이 세부능력 및 특기사항들에 기입해주거나 그런 내용 항목들을 평가하는 것이 과목별 선생님들이라서 학생입장에서는 본인의 관심분야를 적극적으로 탐구해서 발표함으로써 좋은 수행평가의 결과를 얻을 수 있기 때문이다. 예를 들면 영어시간에 PPT를 만들어서 본인의 관심분야에 대해 발표하라고 했다면 학생들은 본인의 진로와 연관성 있게 준비 하는 것이 중요하다. 그리고 만약 본인의 관심분야가 건축학과라면 세계적으로 유명한 건축물을 찾아보고 건축과 관련된 책이나 유튜브 영상까지 탐구하여 조사한다면 당연히 선생님 입장에서는 이 학생이 건축에 대한 관심도가 높고 건축학과를 목표로 열심히 노력한 과정이 담긴 내용을 제출했기 때문에 학생에 대해 긍정적으로 기록해줄 확률이 높다. 그런데 이와 달리 관심분야는 건축인데 목표 학과는 컴퓨터공학과라고 한다면 이 학생의 생활기록부는 잘못 관리 하고 있는 것이다. 자신의 관심분야와 목표학과가 전혀 다른 방향으로 잡았기 때문이다. 물론 관심분야와 목표학과는 다를 수 있다. 하지만 생활기록부는 내가 하고 싶은 것을 넣는 것이 아닌 대학의 학과 인재상에 맞추어 생활기록부를 만들어 나가야 본인의 입시전략을 성공적으로 전략을 세울 수 있는 것이다. 이외에도 세부능력 및 특기사항 항목 이외에도 진로활동, 동아리활동, 자율 활동 등 목표학과에 맞추어 생활기록부를 관리 하는 것도 매우 중요하다. 그럼 생활기록부를 효율적으로 잘 관리 할 수 있는 방법에 대해 알아보자.

① 모든 수행평가는 웬만하면 목표하는 학과에 맞추자.

과제 종이를 나눠주고 빈칸 채우는 수행평가, 쪽지시험 등 모든 수행평가를 목표하는 학과에 맞춰서 쓰기에는 상당한 어려움이 많다. 하지만 의도적으로 수행평가가 나오면 그 진위를 잘 파악하여 어떻게 해야 할지를 고민하게 된다. 그런데 많은 학생들은 수행평가가 나오면 가장 쉽게 할 수 있는 방법부터 찾아 정작 본인에게 맞는 적성과 맞지 않는 내용을 쓰기 때문에 진로 연관성을 찾고자 할 때는 어렵기도 하고 부족한 정보로 힘들어한다. 더군다나 학교 선생님이 굳이 진로에 대해 맞춰서 하라는 말씀이 없으셔서 하고 싶은 것을 했다고 말하는 학생들도 의외로 많다. 하지만 이왕이면 진로에 맞춰서 수행평가를 진행하는 것이 가장 중요한 것은 본인의 수행평가 내용을 기반으로 학교 선생님들은 반영하여 생활기록부에 입력하신다는 사실을 잊지 말자.

② 지원학과의 트렌드를 파악하자.

대학의 많은 교수들은 다양한 연구를 통해 논문을 작성하고 끊임없이 공부하고 연구해 나간다. 그래서 지원학과의 트렌드를 파악해 보려면 각 학과의 홈페이지에 들어가서 개설과목들을 살펴보면서 그 학과에서 원하는 스펙이 무엇인지 예측해 보는 것이다. 그리고 그 활동을 생활기록부에 반영해서 넣는 것이 중요하다. 제자 중에서 패션학과에 합격한 학생의 경우 비건 패션내용을 생활기록부 진로활동과 동아리활동 항목에 넣었고 패션학과 교수님들은 우수한 평가를 했었고 면접을 갈 때 마다 교수님들의 관심도가 더 높은 것은 사실이다. 그만큼 그 학생의 경우 최근 패션학과에서 관심도가 높은 트렌드는 무엇인지 분석하고 여러 자료들을 찾아보면서 비건 패션에 대한 내용을 제대로 탐구 했다는데 에 높은 평가를 받았다는 것을 알 수 있다. 그만큼 본인이 지원하고자 하는 학과의 산업 군에 대한 트렌드를 구체적으로 파악하여 생활기록부에 반영하는 것은 큰 도움이 될 것이다.

③ 학교에서 나눠주는 종이는 성실하게 작성하자.

생활기록부와 관련해서 과목별 선생님과 담임선생님 이것들을 작성하는데 어려움을 느낀다. 그래서 많은 학교선생님들은 보통 2학기 말 쯤 종이를 나눠주면서 그 안에 내용을 작성하여 제출하라고 말하는 경우가 많다. 그 내용은 모두 생활기록부에 반영 될 확률이 높기 때문에 본인의 진로에 맞춰서 성실하게 작성해야 하는데도 불구하고 많은 학생들은 귀찮다는 이유로 대충 작성하여 제출하는 경우가 허다하다. 과목별 선생님들이 나눠주는 종이에는 보통 다음과 같은 주제의 내용을 쓰면 된다. '수업시간 가장 인상 깊은 수업은?', '본인이 발표했던 수행평가는?' 등 평소 수업시간에 했던 내용 위주로 과목별 선생님들은 작성을 요청하는 경우가 많다. 이 때 꼭 본인이 목표하는 학과와 연관성을 더 드러내어 주체적으로 작성한다면 과목별 선생님도 그 내용을 생활기록부에 반영하여 입력해주는 경우가 많다. 담임의 경우 진로활동과 자율 활동, 행동특성 및 종합의견을 작성하기 위해서 학생들에게 적어오라고 하는 경우가 많다. 이 때도 본인이 목표하는 학과의 연관성이 될 수 있도록 작성하는 것을 염두에 두어야 한다. 그러니까 가장 중요한 포인트는 학교에서 나눠주는 종이에 본인의 목표하는 학과별 연관성을 성실하게 구체적으로 작성하여 제출하는 것을 잊지 말아야 하며 반드시 생활기록부 기재될 확률이 높다는 것을 체크하여 꼼꼼하게 작성해야 한다.

제5부

흠쌤이 해결해주는
입시 궁금증

의대, 치대, 약대, 한의대 합격 내신 몇 등급인가요?

　중학교 3학년 학생들이 상담을 받으러 오면 많은 학부모들은 목표하는 대학을 의대 혹은 약대라고 답변하는 경우가 많다. 실제 중학교 3학년 학생들의 성적을 보면 학부모 입장에서는 전 과목 성적이 모두 좋다 보니 의대 혹은 약대, 치대를 목표할 수 있다는 생각을 한다.

　그런데 의대, 약대, 치대, 한의대를 목표로 중학교 3학년부터 준비했던 친구들 중에 대입까지 성공한 학생은 보통 10명 중에 3명 정도 될까 말까 한다. 그만큼 고등학교 1학년 입학 후 첫 중간고사 부터 내신 관리가 제대로 되지 않는 학생들이 많다는 것이다. 그럼 중학교 때는 성적이 좋았음에도 불구하고 고등학교 입학 후 첫 중간고사 성적이 나쁘게 나오는 경우는 무엇인가를 고민해봐야 한다. 중학교 때 성적이 좋았던 학생들 절반 이상은 벼락치기로 공부하는 습관을 지녔던 것이다. 그나마 벼락치기로 시험을 잘 봤기 때문에 성적이 좋았던 것이다. 이 학습법은 본인의 검증된 학습법으로 오만하여 고등학교 입학 후에도 똑같이 적용시킨다. 이런 벼락치기 공부법으로 할 경우 이 학생이 받을 수 있는 내신등급은 전 교과 기준 2.3~3.8등급 사이로 나오는 경우가 많다. 이런 결과가 주어지면 이 학생은 본인의 공부법이 틀린 것이 아니라 고등학교 1학년 1학기이기에 긴장하여 실수 했다는 본인만의 합리화로 실수를 인정하려 들지 않는다. 게다가 많은 학부모님들 또한 우리 아이는 중학교 때 잘 했는데 고등학교에 들어와 첫 시험이라 긴장하고 실수 했다며 2학기에는 성적이 잘 나올 수 있을 것이라는 희망을 가진다. 하지만 이 학생들이 벼락치기 습관을 가지고 계속 시험 준비를 한다면 고등학교 3학년이 되는 그 순간까지도 성적 향상에 어려움이 따를 수밖에 없다. 내신의 1등급대 학생들은 벼락치기 습관 자체가 없으며 인터넷강의, 학원, 과외 제외 하고, 혼자서 자습하는 시간 즉 순공시간이 학기 중 하루에 별도로 4시간~5시간 넘게 공부를 하고 방학 때는 7시간~8시간 한다. 실제 SKY 입학한 학생들과 의대, 약대, 치대, 한의대 입학한 학생들을 만나보면 하루에 자습시간이 굉장히 많다는 것을 알 수 있다. 그리고 대부분 플래너를 작성하면서 시간관리를 철저히 하고 있다는 사실이다. 학원에 의존하는 공부법 보다 본인이 스스로 공부하는 것이 가장 중요하다.

그렇다면 의대, 치대, 약대, 한의대는 보통 내신이 어느 정도 인지 알아보자. 우선 의대의 경우만 보더라도 지방국립대 의대도 사실 경쟁률이 높고 내신 컷도 높은 편이다. 특히 교과전형은 평균 내신이 1.1인 학교도 있다. 학생부종합전형의 경우 학교마다 모두 다르지만 일반고 기준으로 볼 때 1.4등급 안이 안정권으로 가능하다. 그리고 치대와 약대의 경우는 학생부종합전형 기준으로 1.6등급일 경우도 충분히 도전이 가능하다. 한의대 경우는 최근 들어 약대가 새로 생기면서 내신 컷이 내려간 경우도 있지만 그래도 1.7등급 안에 들어야 학생부종합전형이라도 쓸 수 있는 가능성이 있다. 의대, 약대, 치대, 한의대를 준비하는데 있어서 만약 내신이 일반고 기준으로 1등급 후반이라고 하더라도 쉽게 도전하는 데는 어려움이 있다고 생각한다. 그렇기 때문에 의대, 약대, 치대, 한의대는 무조건 1순위가 내신이라고 보면 된다. 내신등급이 중요하기에 무조건 내신관리를 철저히 해야 한다는 것을 명심해야 한다. 이렇게 현재 의대, 약대, 치대, 한의대를 준비 하는데 있어서 내신등급이 중요하다 보니 자사고, 특목고를 준비하기 보다는 오히려 일반고에 진학하여 어떻게 하면 내신관리를 잘 할 수 있을지를 우선으로 생각하며 열심히 공부하는 것이 가장 중요하다. 그렇다면 합격하는데 가장 중요한 조건 2순위는 무엇인지 생각해보면 바로 수능최저학력기준이다. 수능최저학력기준을 국어사전을 찾아보면 다음과 같다.

대학별로 입시 지원자들에게 정해 놓은 수능 성적의 하한선. 생활 기록부나 논술 따위의 대학별 고사에서 최고 점수를 받더라도 각 대학에서 설정한 수준 이상의 수능 점수를 얻지 못하면 최종 합격자 사정에서 탈락한다.

내신도 중요하지만 문제는 수능등급도 아주 중요하다. 대부분 학교들이 수능최저학력기준에 수능등급을 두고 있기에 대학에서 선정한 수준

이상의 수능점수를 얻는 것도 중요하다는 것이다. 보통 지방 일반고 학생들의 경우 내신은 좋지만 수능최저학력기준을 못 맞춰서 불합격하는 경우도 상당히 많다. 맡았던 제자들 중에서 수능이 어려운 바람에 1차 합격은 했지만 최종 불합격 된 학생들이 많았으며 그 중 한 학생은 재수를 통해 그 다음해 수능에서 1개를 틀려 연세대학교 의예과에 정시로 합격한 케이스도 있다. 그만큼 수능최저학력기준은 의대, 약대, 치대, 한의대에 통과하는데 있어서 내신만큼이나 어려운 관문 중에 하나이다.

정리하면 의대, 약대, 치대 , 한의대 중에서 준비하고 있는 학과가 있다면 먼저 내신부터 최상위로 끌려 올리는 게 가장 중요하다. 현재 내신으로 가능한지 여부를 반드시 체크하고 제대로 준비를 해야 한다. 또 의대, 약대, 치대, 한의대 합격한 학생들 중에 벼락치기 공부법으로 성공한 케이스는 없다는 사실을 잊지 말자. 그만큼 꾸준히 내신관리를 해서 최상위권으로 진입하는데 철저히 준비하고 노력해서 이뤄내는 결과라는 것을 증명해준다.

일반고 내신 3등급대도 in서울 합격 가능한가요?

요즘 in서울대학교 기준은 서울에 있는 학교들만 해당 되는 것이 아닌 서울을 포함하여 수도권학교들도 요즘은 포함한다. 특히 가천대학교, 경기대학교, 가톨릭대학교는 경기권 학교임에도 불구하고 매년 경쟁률이 높아지면서 일반고 3등급~4등급대 학생들에게 인기 있는 학교들이다. 자사고, 특목고 3등급~4등급대 학생들에게 인기 있는 학교는 중앙대학교, 경희대학교, 서울시립대학교, 건국대학교등이 있다. 그럼 일반고 위주의 3등급대 학생들에 대해 알아보자.

일반 고등학교 3등급대 고등학교 3학년 학생을 상담하다보면 꼭 나오는 학교 중 하나는 가천대학교이며 꼭 입학하고 싶다는 의지가 대단하다. 3등급대 학생들의 특징은 보통 고등학교 입학 후 꾸준히 노력하기 보다는 시험기간 만큼은 열심히 하는 학생일 확률이 높다. 하지만 현재 3등급이라고 하더라도 같은 3등급은 아니다. 3.1~3.3 등급의 학생의 경우 그래도 in 서울 대학교 선택 폭이 넓은 편이다. 3.4~3.6 등급의 학생은 학과에 따라 다르지만 그래도 생활기록부를 잘 챙겼다면 가천대학교, 경기대학교, 가톨릭대학교에 도전해볼 수 있는 등급이다. 3.7~3.9 등급의 학생들은 사실 in서울 대학교에 원서는 넣지만 내신에서 밀릴 수 있는 상황에 처할 수 있음을 인지해야 한다. 그리고 같은 등급이라고 하더라고 어떤 학과를 지원하느냐에 따라 합격여부가 달라진다. 예를 들면 현재 이과에서는 생명공학과, 생명과학과, 화학공학과, 화학과는 인기학과다. 그런데 약 3.1등급이라고 하더라도 가천대학교 가천바람개비 (학생부종합) 전형으로 화공생명공학과를 지원하면 불합격이 될 가능성이 높다. 반면에 약 3.7 등급의 학생이 가천대학교 가천바람개비(학생부종합)전형으로 차세대반도체학과에 원서를 넣었는데 최종 합격이 되는 경우가 있다. 실제 이 친구는 광운대학교 광운참빛인재 전형으로 전자공학융합학과에 합격하기도 했다. 이와 같이 같은 고등학교 학생인데도 불구하고 왜 두 학생의 입시결과에는 차이가 있는지 원인을 찾아보자. 우선 생명공학과, 생명과학과, 화학공학과, 화학과는 인기 학과이다. 특히 고등학교의 이과 여학생들 대부분이 과학 선택과목으로 물리, 화학, 생명과학, 지구과학 중 화학과 생명과학을 선택한다. 또 이과 대부분 학생들도 화학과 생명과학을 선택한다. 많은 학생들이 생명과 화학계열로 진학을 목표삼고 있다. 그러다보니 이과에서 경쟁률을 분석해보면 대부분 생명과 화학계열이 다른 학과 대비 경쟁률이 높은 편일 수밖에 없다. 물리 선택을 싫어하는 학생들이 주로 생명과 화학계열을 희망한다. 반면 물리를 선택해야 학생부종합에서 유리한 학과는 전자공학과, 건축공학과, 반도체학과 등은 생명과 화학계열 대비 낮은 편이다. 물론 높은 학교도 있지만 상대적으로 낮다 보니 이 학과를 목표로 생활기록부를 만들었던 친구들은 대학을 잘 갈 수밖에 없다. 몇년 전 컨설팅했던 한 학생이 본인과 같은 2.1 등급인데 본인은 중앙대교 화학신소재공학부에 합격하고 본인 친구는 성균관대 전자공학과에 합격했다는 말을 했었다. 그러면서 학과 선택이 학교의 네임을 바꾼다는 사실을 몰랐다는 말을 했었다. 진짜 학교레벨을 올리고 싶다면 학과 선택이 매우 중요하니 이점을 참고하자.

그렇다면 문과 학생들은 어떤지에 대해 알아보자. 문과 학생들에게 제일 인기가 많은 학과를 한 개만 골라야 한다고 한다면 바로 언론, 미디어 계열일 것이다. 실제 상담 받으러 온 많은 학생들이 미디어 계열을 희망하기도 한다. 우선 미디어 계열이라고 하면 무조건 학과 변경 하는 것을 추천한다. 그 이유는 모든 대학교에 학생부종합전형 문과 학과 중 경쟁률이 가장 높기 때문이다. 3.6등급의 학생이 경기대학교 KGU학생부종합 전형으로 경영학부에 합격했었다. 반면 이 친구의 친구는 3.1 등급으로 경기대학교 KGU학생부종합 전형으로 미디어영상학과에 도전했지만 1차부터 불합격이 되었고 미디어학과로 넣은 학생부종합전형 4군데는 모두 떨어졌다고 한다. 결국 학교장추천전형을 활용하여 경기대학교 경영정보학과에 합격했다고 한다. 학생부종합전형에서는 학과가 정말 중요하다. 특히 문과의 경우 복수전공제도가 활성화 되어 있기에 학과선택은 정말 중요하다. 실제 전 교과 내신이 5.03등급의 평범한 일반고 학생은 서울여자

대학교 기독교지도자전형으로 기독교학과에 합격한 사례도 있다. 실제 이 학교는 미션스쿨로 기독교와 관련활동이 많았고 컨설팅 때 이 친구에게 적극적으로 기독교학과 도전을 추천했었다. 또 한명의 친구는 4.1등급으로 아주대학교 학교장추천을 활용하여 미디어학과에 합격했다. 이 미디어학과는 다른 미디어학과와 달리 자연계열에 속한 학과라서 경쟁률이 문과 미디어계열에 비하면 매우 낮은 편이였다. 해당전형의 수능최저학력기준은 그 당시 국어, 영어, 수학, 과학(1) 중 2개영역 합 4 였는데 다른 in서울 대학교 대비 수능최저학력기준이 높았다. 결국 이 친구는 합격을 했다. 이렇게 학생부종합전형과 학교장추천 즉 학생부교과전형을 잘 활용한다면 in서울 가능하다. 가장 중요한 것은 전형을 잘 분석하고 전략을 철저히 세워야 한다는 사실이다.

우리 학교는 진짜 생활기록부 관리가 안 되는 학교에요? 어떻게 하죠?

지방의 평범한 일반고 학생들을 만나면 생활기록부 관리가 되지 않는 학교가 많다. 우리 학교는 학생부종합전형으로 합격한 사례가 아예 없다면서 걱정하는 경우도 많다. 고3 수시 6장 지원을 어떻게 해야 하는지 담임선생님과 상담하면서 담임선생님은 모두 교과전형으로 추천했다 고 했었다. 실제 컨설팅 했던 학생 중에 대구에 거주하고 있는 학생이 있었다. 이 친구는 담임선생님이 영남대학교를 추천했고 영남대학교만 합격해도 잘하는 것이라는 말을 했었다고 한다. 그래서 그 학생은 자신이 이 정도 실력밖에 안 되는건가 고민하다가 컨설팅을 받아보기로 하고 나를 찾아왔다. 그런데 상담왔을 때 나는 인하대학교, 아주대학교, 경북대학교, 부산대학교 등 학교들을 추천했었다. 그 때 이 친구가 했던 말은 생활기록부가 부족하고 우리 학교는 학생부종합전형으로 합격사례가 거의 없는 학교라고 했었다. 그러나 나는 그 친구의 생활기록부를 보고나서 부족한 부분이 있었지만 조금 더 채워넣을 수 있는 항목들에 대해 설명해주면서 학생부종합전형은 무조건 생활기록부만 좋다고 합격하는 전형은 아니라고 강조 했었다. 특히 부족하지만 전공적합성과 관련된 활동들이 있고 또 성적상승곡선이 크기 때문에 본인이 적극적으로 도전하면 좋겠다는 말을 했었다. 현재 이 친구는 인하대학교에 합격 하여 학교생활에 만족하면서 잘 적응하고 있다. 합격 후 담임선생님께서는 이 친구에게 사과하면서 그 학교의 하나의 사례로 남기면서 후배들에게 준비과정에 대한 강의 요청도 하셨다고 한다. 지방 일반고 학생들과 학부모들이 착각하는 것이 하나 있다. 서울권, 경기권 고등학교는 생활기록부를 정말 잘 관리해준다고 생각한다. 하지만 꼭 그렇지만은 않다. 차이가 나지 않으며 특히 학생부종합전형 합격 비율이 높은 학교 일수록 잘 관리해준다고 생각하면 된다. 막상 서울권, 경기권 일반 고등학교 학생들의 생활기록부를 보면 관리가 의외로 잘 안되어 있는 경우도 상당히 많다. 현재는 고교블라인드도 진행되기 때문에 생활기록부에서 본인이 전공을 위해 탐색하고 노력하면서 열정을 보여준다면 합격 가능성이 높아진다는 것을 잊지 말아야 한다. 이외에도 생활기록부에서 많은 학생들이 실수하는 행동이 하나 있다. 바로 본인이 열심히 참여했는데도 불구하고 생활기록부에 입력이 되어 있지 않은 경우가 있다. 이 때 담당 선생님을 찾아뵙고 입력을 요청해야 하는데 보통은 입력 요청을 하지 않는 경우가 있다. 예를 들면 대부분 수학 수행평가 시간에 나의 진로와 일상 속 수학 사례 연결성 찾기 수행평가를 진행을 하게 되었다. 하지만 학기 말에 담임선생님이 생활기록부 오타 점검 하라는 부분에서 딱 오타만 체크하고 이 때 본인이 수학시간에 했던 수학 수행평가 내용이 반영이 되었는지 확인을 놓치는 경우가 많다. 그것은 본인이 자신의 것을 제대로 챙기지 못한 잘못이다. 그러면서 우리 학교는 생활기록부 관리가 제대로 안해주는 학교다라고 말한다. 수학선생님은 최소100명 많게는 150명 이상의 학생들의 세부능력 및 특기사항을 입력하고 본인의 반 학생들의 자율활동과 진로활동, 행동특성 및 종합의견 모두 작성해야 한다. 많은 내용의 생활기록부를 입력해야 하다 보니 한 명 한 명 학생들을 챙겨준다는 것은 물리적으로 부족한 시간이다. 따라서 학생 본인이 스스로 선생님이 놓친 부분의 내용이 있는지 철저히 점검하여 만약 놓친 부분이 있다면 직접 찾아뵙고 의사전달을 하는 것을 추천한다. 특히 요즘은 과목별 부장을 따로 뽑는 학교도 있는데 그런 내용도 모두 다 들어 갔는지 체크 하는 것이 중요하다. 이렇게 체크를 잘하기 위해서는 수행평가 정리 노트를 만들어서 본인이 수업시간에 어떤 것을 했는지 메모 하는 습관이 중요하다. 생활기록부는 학교가 관리 해주는 것이 절대 아니다. 이처럼 본인 스스로 그 때 그 때 관리해서 빠진 부분이 없는지 잘 살펴봐야 한다. 서울권, 경기권이라고 모든 학교가 생활기록부를 잘 관리해주는 것이 아니다. 그리고 과학고, 특목고, 외고라고 해서 생활기록부를 모두 잘 관리해주는 것이 아니다. 본인이 스스로 관리하고 생활기록부를 챙기고자 노력해야 합격할 수 있는 생활기록부를 만들 수 있다는 비결을 잊지 말자. 나중에 합격한 학생들을 보면 대다수가 생활기록부를 철저히 챙기고 합격하기 위해 그만큼 세심하게 노력했다는 증거다.

학교의 모든 행사는 꼭 다 참여해야 하나요?

생활기록부를 어떻게 관리해야 할지 모르는 대부분 학생들은 학교의 모든 행사에 참여를 한다. 혹은 담임선생님이 권하는 활동에 본인의 전공과 상관없는데도 불구하고 참여하는 경우가 있다. 상담했던 케이스 중에 수학교육학과를 준비하는 학생이 있었다. 이 친구는 매주 토요일 2시간씩 15번 진행되는 과학융합탐구반에 신청하여 화학과 생명과 관련된 실험활동을 했었다. 30시간은 결코 적은 시간이 아니기에 차라리 그 시간에 공부를 더 열심히 했다면 어땠을까 에 대해 고민해보았다. 왜 이 활동을 했는지에 대해서 물었을 때 본인이 수학교육학과가 목표이지만 혹시라도 과학교육학과를 지원할 수도 있으니 참여했다는 말을 했었다. 결국 이 친구는 매주 토요일 과학융합탐구반 활동을 하면서 수학 학원 보충 수업을 빠질 수밖에 없었고 결국 수학성적이 떨어졌다. 본인이 목표하는 학과가 수학교육과 인데 과학교육학과도 관심이 있다는 말에 많이 안타까웠다. 현재 학생부종합전형에서는 하나의 전공에 대해 탐색하는 학생들이 워낙 많기 때문에 하나의 학과로 맞춰서 생활기록부를 만들어 나가야 한다. 그래야 본인도 나중에 헷갈리지 않고 정확한 목표를 향해 달릴 수 있는데 여러 방향으로 생활기록부를 만들면 오히려 이도저도 아닌 경우가 많다. 실제 고등학교 3학년 생활기록부를 보면 여러 개 학과로 생활기록부를 만들어 놓은 학생들이 종종 있다. 이런 생활기록부는 좋은 생활기록부가 될 수 없다. 간혹 1학년 때 인문계열로 잡고 2학년 때 학과 선택을 구체화 하는 것이 좋다는 말을 많이 하는 사람들이 있다. 하지만 2024학년도 대입부터 자기소개서 폐지로 인해 생활기록부에서 고등학교 1학년 때부터 진로를 명확하게 정해서 생활기록부를 만드는 것이 중요하다는 것을 명심해야 한다.

최근에 컴퓨터공학과를 목표하는 학생은 학교에서 일주일에 2시간씩 진행하는 인문학도서릴레이 활동에 참여하는 것에 대해 어떻게 생각하는지에 대해 질문한 적이 있다. 나는 무조건 하지 말고 중간고사 공부에 집중해야 한다고 말했는데 결국 이 친구는 불안해서 참여했다. 나중에 학년 말에 생활기록부 점검하는 과정에서 한 학기 내내 참여했는데도 불구하고 자율 활동에 한 줄 밖에 적혀있지 않아 속상해 했었다. 사실 교내에서 진행하는 활동 시간이 많다면 모두 참여하는 게 틀린 것은 아니다. 하지만 학기 중에 중간고사공부, 수행평가, 동아리활동, 기말고사공부등 해야 할 것들이 정말 많다. 학교의 모든 행사에 참여하다보면 결국 이 중에서 포기를 해야 하는 것이 있게 되고 학생들은 보통 공부를 제일 먼저 포기한다.

이런 것은 절대 안 되는 행동이다. 그러니 학교에서 하는 모든 활동을 다 참여하지 말자. 꼭 본인에게 필요한 전공과 연관성 있는 활동만 해도 충분하다. 학교 행사보다 더 중요한 것은 본인의 성적을 향상 시키는 것이다. 사실 성적이 되어야 대입에서도 성공할 수 있기 때문이다. 아무리 생활기록부의 양이 많다고 하더라도 성적이 부족하면 바로 1차 서류평가에서 부터 탈락하는 경우가 많다. 그만큼 교내 활동보다는 성적이 우선시 되어야 한다는 전략으로 나아가야 한다.

또 상당히 많은 학생들이 교내 대회는 무조건 참여하면 좋은지에 대해서도 질문을 많이 한다. 2024학년도 대입에서는 수상기록이 반영되지 않는다. 하지만 중어중문학과를 준비하는 학생이 중국어경시대회에 나가서 수상을 한다면 중국어 선생님은 세부능력 및 특기사항에 중국어의 우수한 실력에 대해 입력해주실 확률이 많다. 혹은 입력이 어려울 경우 담임선생님께 말하면 담임선생님은 행동특성 및 종합의견에 반영해주실 것이다. 이처럼 본인의 전공과 연관성 있는 대회에 나가서 수상하는 것은 좋은 기회이다. 하지만 본인이 중어중문학과가 아닌 건축공학과가 목표라면 굳이 나갈 필요는 없는 것이다. 그러니까 결국 본인의 전공적합성과 연관된 대회를 나가는 게 훨씬 유리하다는 것이다.

앞으로 교내활동과 관련된 학교 공지사항이 나온다면 이 활동이 과연 내 전공과 어떤 연관성이 있는지에 대해 고민해보는 것을 추천한다. 이것저것 수상한다고 다 좋은 것이 아님을 알고 자신의 전공과 맞는 것을 수상하도록 노력해야 한다는 것을 기억해야 한다.

회장, 부회장 꼭 해야 하나요?

학기 초가 되면 가장 많은 질문 중 하나가 회장, 부회장 등 학급 임원을 꼭 해야 하는지에 대한 질문이 많다. 또 전교회장, 전교부회장, 학생회, 선도부도 도움이 되는지에 대한 질문도 항상 많다. 6년 전, 7년 전에는 전교회장이나 전교부회장을 하면 리더십으로 인정 받아서 성적이 부족해도 합격한 사례가 많았다. 하지만 최근에는 전교회장, 전교부회장, 학생회, 선도부를 했다는 이유로 가산점을 주기 보다는 주로 어떤 활동을 했는지, 혹은 활동을 하면서 학교에 무엇을 변화시켰는지를 중요하게 생각한다. 회장, 부회장도 마찬가지이다. 그냥 회장, 부회장을 했다는 것만으로 가산점을 주는 시대는 끝난 지 오래다. 따라서 본인이 회장이라면 학급을 위해 무엇을 변화 시켰는지 혹은 어떤 프로그램을 기획했는지가 중요하다. 제자 중에 한 명은 컴퓨터공학과를 목표 했던 친구였다. 이 친구는 학기 초

회장에 당선되었고 공약 중 하나는 우리 반의 진로탐색할 수 있도록 노력하겠다는 공약이였다. 이 친구는 이과 학과들을 한 눈에 볼 수 있는 어플리케이션을 개발하고 친구들이 그곳에 본인이 지원하고 싶어하는 학과에 게시 글을 작성하여 진로에 대해 신문스크랩이나 메모를 할 수 있도록 했다. 그 결과 학급의 반 친구들이 어플을 사용하면서 진로를 적극적으로 탐색할 수 있었고 이 어플은 옆반에 소문이 나면서 많은 반들이 그 어플을 사용하게 되었다고 한다. 그리고 정보선생님의 도움을 받아서 그 어플을 지속적으로 더 많은 학생들이 편하게 사용할 수 있도록 함께 힘을 합쳐서 더 개발을 하였다. 담임선생님은 이 친구의 진로활동에 이와 관련된 내용을 입력해주었고 대학에서 2차 면접 때 그 어플과 관련한 질문들이 쏟아졌다고 한다. 이렇듯 본인의 전공을 살릴 수 있는 활동을 한다면 여러모로 도움이 많이 되는 것은 사실이다.

컨설팅을 받은 또 다른 한 명은 전교회장에 당선되었다. 이 친구는 경영학과를 목표하고 있었으며 전교회장이 되자마자 부서 조직개편을 하는 것을 1순위로 생각했다. 총무부, 홍보부, 체육부, 봉사부등이 있었는데 20년 이상 한 번도 조직개편 없이 학생회가 전통을 중시하면서 부서를 여태껏 바꾼 적이 없었다고 한다. 그래서 이 학생은 업무를 좀 더 세분화 하고 일을 효율적으로 잘 할 수 있도록 총무부를 예산기획부, 홍보부를 SNS관리부, 체육부를 문화스포츠부, 봉사부를 급식부로 바꿨다고 한다. 기존에 총무부는 학생회 예산을 담당하고 관리 하는 역할을 했기에 예산기획부로 바꿨고 홍보부는 학교행사를 오프라인으로만 홍보하는데 요즘 학생들이 게시판 글을 제대로 확인 안하는 경우가 많아서 학교 인스타그램 계정을 만들어 SNS로 소통 할 수 있도록 했다고 한다. 체육부는 문화스포츠부로 만들어 체육대회 총괄 뿐 아니라 학교 축제도 기획총괄을 할 수 있도록 하였고 봉사부는 주로 급식봉사를 진행했기에 급식부로 바꾸어서 급식과 관련한 설문조사를 주로 전교생을 대상으로 실시하여 정리 후 지속적으로 영양사 선생님께 의견을 전달할 수 있도록 했다. 사실 이 조직개편을 진행하면서 학생회 불만도 많았지만 그 학생의 리더십으로 조직개편에 성공하였고 이후 이러한 내용은 경영학과 조직관리와 연결하여 학생회 담당선생님이 입력을 해주셨고 대학에서 우수한 평가를 받게 되었다.

두 학생 모두 단순히 학교에서 시키는 일만 했던 것은 아니다. 본인이 스스로 전공과 연관성 있는 활동을 찾아서 기획하였다. 즉 학급 회장, 부회장 혹은 전교회장, 전교부회장, 학생회, 선도부 활동을 해도 되지만 본인의 진로와 연관성 있게 하는 게 중요하다. 특히 학급회장, 부회장의 경우는 요즘 수행평가도 공지해야 하고 학급과 관련한 여러 공지사항을 모두 스마트폰으로 공지하다 보니 스마트폰으로 일처리가 진행되다 보니 수시로 시간을 많이 할애하게 된다. 그렇다면 과연 회장, 부회장을 하는 게 중요할지 그 시간에 내신공부를 하나라도 더 열심히 하는 게 더 중요한지 깊이 있게 고민해보아야 한다.

두 마리 토끼를 모두 잡을 수 있다면 얼마나 좋겠는가! 학급회장, 부회장을 하다 보니 시간이 많이 빼앗기는 바람에 공부를 못한다면 차라리 안 하는 것도 방법이 될 수 있다. 학급회장, 부회장을 못했다고 해서 대입에서 마이너스가 되는 것은 아니라는 점 참고하자.

예체능 계열 희망 실기 전형 언제부터 준비 하나요?

일반 고등학교에서 예체능을 준비 하는 학생들이 가장 많이 하는 실수는 고등학교 1학년 때부터 실기 학원을 다닌다는 것이다. 특히 보통 일반고에서는 미술 실기를 준비하는 학생들이 종종 있다. 실제 만났던 학생들 중에서 미대를 준비하는 학생들도 있었고 미대 입시를 도와주기도 했었다. 그런데 실기전형을 도와준 것이 아닌 비실기전형을 도와준 것이다. 미대는 보통 성적이 부족해도 실기 실력이 좋다면 합격이 가능할 것이라고 보통 착각한다. 그리고 미술학원에 가면 비실기 전형은 전혀 설명해주지 않고 실기전형중심으로 설명해주는 경우가 많다. 그러다보니 내신준비보다는 오히려 미술 실기 준비를 더 열심히 하는 학생들이 훨씬 많다. 하지만 과거에는 실기 전형으로 많이 미대를 합격했지만 최근에는 서울대, 홍익대, 국민대등 비실기 전형으로 선발하고 있는 학교들이 많다는 것이다.

즉 수시에서 비실기 전형으로 선발하기 때문에 오히려 내신관리와 생활기록부 관리가 중요한 관건임을 알아야 한다. 그러니 미술학원을 고등학교 1학년 때부터 다니는 것이 중요한 것이 아니라 학업에 더 집중해야 하는 것이 더 중요하다. 맡았던 제자 중 예술고 학생 중 이화여대 미대에 합격시킨 사례가 있다. 이 친구의 경우 3년 내내 미술 실기 학원을 다니면서 내신관리, 생활기록부관리, 수능최저를 맞춰야 하기에 이 모든 것 들을 준비 하면서 시간이 매일 부족하다는 말을 했었다. 결국 이 학생의 경우 3학년 1학기 기말고사 끝나고 실기 학원을 그만 두면서 비실기 전형으로만 원서 접수를 진행하고 수능최저를 맞추기 위해 매일 공부에 집중하였다. 그 결과 이화여대 비실기 전형으로 합격했으며 마지막에 이 친구는 이럴 줄 알았으면 일반고를 선택했고 실기학원을 다니지 말고 내신관리에 더 집중 했어야 했는데라고 후회를 했다. 미술학원에서는 무조건 실기를 빨리 시작해야 한다고 강조한다. 결국 미술학원에서의 입시 실적에서 예술고를 제외하고 일반고 학생들 중에 in서울 미대에 합격하는 재수생 비율과 실제 현고3 아이들의 비율을 체크해 보는 것도 중요한 요인이다. 보통 실기전형의 경우 재수생 80% 이상이 합격률을 가져간다. 그만큼 미술 실기만 믿고 준비했을 경우 재수를 해야 하는 상황이 된다는 것을 명심해야 한다.

그리고 체대 실기학원의 경우 미대보다는 좀 덜하지만 체대도 비실기 전형으로 선발하는 학교들이 있다. 그런데 이 사실을 모르고 대부분 많은 학생들은 실기 전형을 먼저 준비 하고 공부는 소홀히 하는 경우들이 많다. 그런 준비는 위험도가 따른다. 체대의 경우 수시시즌을 앞두고 만약 부상을 당하면서 수시 실기전형에 어려움이 따르게 되어 실기를 제대로 치룰수가 없다. 따라서 수시 6개 전형 모두 실기전형으로 준비하기 보다는 2개~3개 정도는 비실기 전형을 준비해 두는 것이 유리하다. 이와 같이 성적과 생활기록부 관리를 열심히 한다면 비실기 전형에 도전해볼 수 있는 기회가 있기 때문이다. 그렇다면 체대는 언제부터 실기 전형을 준비하는게 좋을까? 보통 2학년 2학기 기말고사 끝나고 시작하는 경우가 많다. 그때 체대 실기 전문 학원을 다니는 것을 추천한다. 실기전형들은 독학으로 준비하는데는 한계가 있다는 점을 참고하자.

전공 관련 동아리 활동 꼭 필요한가요?

고등학교 1학년 입학 후 동아리를 정하게 된다. 학생들은 본인이 원하는 동아리를 선택하는데 항상 인기 있는 동아리는 선착순 혹은 지원자가 많아서 동아리 면접을 보는 경우가 있다. 동아리는 무조건 인기 있는 동아리를 선택할게 아니라 이왕이면 본인의 전공과 연관성이 있는 동아리에 가는 것이 활동을 하는데 있어서 큰 도움이 된다. 예를 들면 물리학과를 목표하는 친구라면 평소 수업시간에는 할 수 없었던 물리 실험들을 진행할 수 있다. 컴퓨터공학과를 목표하는 친구라면 코딩동아리에서는 다양한 프로그래밍 언어들을 배우고 선배들과 함께 어플을 개발 할 수도 있다. 수업시간에는 해볼 수 없었던 전공 심화활동을 할 수 있는 좋은 기회이다. 그런데 동아리를 본인이 원하는 대로 무조건 들어갈 수 없는 경우가 참 많다. 제자 중 한 명은 산업공학과가 목표이기에 과학탐구동아리에 지원했는데 불합격 통지를 받고 남은 동아리 중 하나를 들어가야 하는 상황이었다. 이에 친구는 할 수 없이 도서부 동아리를 들어가게 된다. 도서부 동아리는 전공과 전혀 연관성이 없어 보이지만 이 친구는 도서관 도서들을 살펴보니 인문학책이 많다는 것을 깨닫고 4차 산업과 관련된 여러 도서 리스트를 만들어 학교 도서부 회의 시간에 이공계 도서의 중요성을 강조 하면서 도서구매를 건의하였다. 그 결과 학교는 4차 산업과 관련된 책 이외에도 여러 이공계 관련 도서를 구매하였고 도서관에 배치하였다. 이 친구는 여기서 끝나는 것이 아닌 학교 게시판에 4차 산업과 관련된 도서리뷰를 꾸준히 부착하였고 이런 내용들이 생활기록부에 반영이 되었다. 이 친구의 사례를 통해 바라본다면 본인이 원하는 동아리를 들어가지 못했어도 배정된 동아리에서 최대한 전공과 연결 지을 수 있는 활동을 하는게 중요하다. 자신의 전공과 무관할 듯 보이지만 동아리 활동에서 어떻게 창의적으로 생각을 끌어올려 본인의 전공과 연관시켜 활동하느냐가 굉장히 중요한 관건이다.

간혹 2학년 때 혹은 3학년 때라도 동아리 변경에 대한 질문이 많은데 전공과 연결성 있는 동아리 변경에 있어서는 문제가 없다. 동아리를 바꿨다고 해서 마이너스가 되는 부분은 없으니 걱정하지 말고 활동해 나가는 것이 좋다.

학생들에게 동아리 활동에 있어서 비추천 동아리는 방송반과 예체능 관련 동아리이다. 우선 방송반의 경우는 미디어나 언론정보학과를 목표하는 학생들이 주로 많이 들어가게 된다. 이런 동아리는 활동하는데 많은 시간을 투자해야 하고 전공심화활동을 하는데도 어려움이 많은 편이다.

예체능 동아리의 경우 본인이 예체능 분야로 갈 거면 상관없지만 영어영문학과가 목표인데 테니스동아리가 매력적이라서 들어 갔다고 하면 곤란한다. 혹은 컴퓨터공학과가 목표인데 축구동아리 들어 갔다고 하면 그것도 곤란하다. 동아리는 생활기록부에 반영되는 것이기에 취미로 동아리를 선택하는 일은 철저히 없도록 하자.

마지막으로 동아리 선생님 혹은 동아리부장이 학년 말에 동아리 활동과 관련해서 활동하면서 느낀 것들에 대해 자세히 작성해서 제출하라고 하는 경우가 많다. 간편하게 예를 들면 과학 동아리에서 10개의 실험이 진행 되었는데 10개 모두 생활기록부에 입력할 경우 나열식으로 입력될 수밖에 없다. 그래서 이럴 경우는 되도록 본인의 전공과 최대한 연결성이 있거나 전공심화활동 위주의 실험으로 2개 혹은 3개를 상세히 작성 하여 제출하는 것이 좋다. 이 때 대충 작성해서 제출하는 학생들도 많은데 대충 작성할수록 동아리 선생님도 꼼꼼히 해주시기보다는 학생이 작성한대로 대충 작성해준다. 그러니 반드시 본인의 전공과 연결 지어 최대한 꼼꼼하게 작성해서 제출하는 것을 명심하자.

6개 모두 수시에서 같은 전형으로 지원해도 되나요?

　6학종, 6논술, 6교과 이 말은 수시 6장을 모두 학생부종합전형에 혹은 논술전형, 교과전형에 지원한다는 말이다. 6장 모두 하나의 전형으로 지원하게 되는 것에 대해 많은 학생들의 질문이 쏟아진다. 결론부터 말하면 이런 방식은 추천하지 않는다. 하지만 자사고, 특목고, 외고의 경우는 6장 모두 학생부종합전형으로 원서 쓰는 경우가 많다. 왜냐하면 자사고, 특목고, 외고의 경우는 교과전형을 쓰는데 한계가 있기 때문이다. 교과전형은 오로지 내신 순위에 맞춰서 선발하기에 내신이 무조건 좋은 학생이 유리하다. 그래서 이런 전형은 일반고 학생들이 주로 많이 쓰는 전형으로 이해하면 좋다. 자사고, 특목고, 외고는 내신 받기에는 어려움이 있어 주로 학생부종합전형과 논술전형을 추천한다. 강남의 a고등학교는 자사고였는데 이 학생의 경우 생활기록부도 관리가 잘 되어 있고 모의고사에서 항상 수학 1등급을 놓치지 않는 학생이었다. 그리고 내신보다 모의고사 성적이 훨씬 좋았기에 이 학생에게 수리논술전형을 추천하였다. 수학을 잘하는 학생이여서 논술전형이 오히려 잘 맞을 거라는 생각을 했었다. 그래서 3장은 논술전형 3장은 학생부종합전형으로 원서를 넣었는데 내신은 부족하다 보니 학생부종합전형에서는 좋은 결과를 만들어 내기는 어려웠다. 결국 이 친구는 성균관대 논술전형으로 공학계열에 합격했었다. 아무리 모의고사 성적이 좋았다고 해도 이 친구는 6장 모두 논술전형으로 준비하기에는 불안감이 컸다. 이유는 논술전형이 학생부종합전형보다 경쟁률이 높기 때문이다. 반대로 외고 5등급 대 학생의 경우 논술전형 4장과 학생부종합전형 2장을 썼는데 오히려 논술전형은 다 불합격이 되었고 학생부종합전형에 인하대 행정학과에 합격한 케이스가 있다.

간혹 일반고 학생들 중에서 낮은 대학교를 안정권으로 학생부종합전형을 쓰면 안 되냐고 물어보면서 6장 모두 학생부종합으로 원서를 넣고 싶다는 학생도 있다. 하지만 연세대학교 합격한 학생이 동국대학교를 안정권으로 학생부종합전형에 원서를 넣었지만 동국대학교는 불합격이 되었다. 학생부종합전형은 정량평가가 아닌 정성평가이다. 즉 오로지 내신만으로 선발하는 것이 아니고 종합적으로 아이를 평가 후 선발하기에 학생부종합전형에서는 안정권이 없는 것이다. 그러니 무조건 논술전형으로 또는 학생부종합전형으로만 몰아서 원서를 쓰는 것을 추천하지 않는다.

그러니까 정리하면 외고, 자사고, 특목고의 경우 논술전형을 준비 할 수 있다면 학생부종합전형과 논술전형을 나눠서 넣는 것을 추천한다. 하지만 논술전형은 혼자서 준비하기에 한계가 있어서 보통 학원을 많이 다니는데 환경이 그렇지 못한 경우에는 6장 모두 학생부종합전형은 가능하다. 일반고의 학생의 경우 6장 모두 학생부종합전형으로 원서를 넣기 보다는 적어도 1장~2장 정도는 학생부교과 전형을 넣어 보는 것을 추천한다.

뭐든 하나의 바구니에 계란을 다 담을수록 위험하다. 나눠서 담는 것이 안정감을 줄 수 있다는 것을 잊지 말자.

한 학교에 원서 몇 장 넣을 수 있나요?

많은 학생들이 한 학교에 원서를 1장만 넣을 수 있다고 생각하는 경우가 많지만 그렇지 않다. 전형이 다르다면 원서를 2장 혹은 3장, 4장까지 넣을 수 있다. 예를 들면 아주대학교가 목표였던 학생이 있었다. 이 학생은 아주대학교에 학생부종합전형 다산인재, 에이스 두 가지 전형을 원서를 넣었다. 그리고 학교장추천 즉 교과전형까지 원서를 넣어서 아주대학교에 3장을 지원했다. 전형이 다르기에 가능한 일이다. 그런데 간혹 하나의 전형으로 두 개 학과를 넣을 수 있는지 물어 본다. 예를 들면 아주대학교 다산인재 전형으로 경영학부와 e비즈니스학과를 같이 지원이 가능한지에 대해서 물어보는 학부모들이 있다. 이건 전형이 같기에 지원이 불가능 하다. 즉 전형을 다르게 했을 경우만 한 학교에 원서를 넣을 수 있다는 사실을 알아야 한다.

그럼 논술전형과 학생부종합전형을 한 학교에 같이 지원할 수 있는지에 대해 묻는다면 물론 가능하다. 예를 들면 아주대학교 논술전형과 학생부종합전형 에이스 전형 같이 지원할 수 있다. 이렇게 한 학교에 여러 개의 원서를 넣을 수 있기에 본인이 원하는 학교라면 원서를 2장 이상 지원할 수 있다. 실제 맡았던 제자 중에 한 명은 경희대학교 학교장추천전형과 학생부종합전형 두 개 모두 합격했고 학생부종합전형에서는 장학생으로 합격하면서 학생부종합전형으로 최종 입학 등록을 하고 학교장추천은 입학 포기를 했었다. 실제 이런 케이스도 있으니 참고하면 좋을 것 같다. 수시 6장 지원전략을 준비 하면서 성적이 좋은 친구들은 한 학교에 원서 2장을 추천한 경우도 많았다. 그만큼 내신이 좋다면 선택 폭이 커질 수밖에 없다는 사실을 참고하자. 본인이 꼭 가고 싶은 대학교에 원서를 여러 개 넣는 것도 좋도 나쁘지 않는 결과치를 가져다 준다.

요즘은 실제 고등학교 3학년 담임선생님과 면담을 진행하는 과정에서도 한 학교에 원서 2장을 권하는 경우가 많다. 본인이 진짜 원하는 학교라면 원서 2장, 3장 모두 지원할 수 있으니 자신감을 가지자. 그러기 위해서는 내신관리를 물론 학생부종합전형의 관리가 철저히 되어야 하고 준비가 거의 완벽해야 한다.

마지막으로 요즘은 한 학교에 학생부종합전형 2개의 전형으로 모집하는 학교들이 증가하고 있다. 즉 한 개의 전형은 1차 서류 심사 후 2차 면접이 진행되는 것을 면접형이라고 부르며 면접 없이 서류만으로 아이들을 선발하는 경우는 서류형이라고 부른다. 실제 서류형은 생활기록부에서 전공적합성이 많이 평가되기 때문에 생활기록부가 좋은 자사고, 특목고, 외고만 선발된다고 오해 하는 경우가 많지만 꼭 그렇다고 보지는 않는다. 일반고 아이들도 생활기록부가 좋을 경우 합격가능성이 얼마든지 있으니 걱정하지 말자. 실제 제자들 중에 한국외국어대학교 학생부종합 서류형 중에 일반고 합격자들도 많았다. 내신이 좋고 생활기록부가 좋으면 합격 가능성은 얼마든지 있다.

학교 내신 물리선택 인원수가 적은데 꼭 해야 하나요?

고등학교 1학년 1학기 중간고사 혹은 기말고사 끝나고 2학년 때 배울 과목에 대해서 선택을 하게 된다. 그 과정에서 사회탐구와 관련된 과목을 많이 선택하면 문과, 과학탐구와 관련된 과목을 많이 선택하면 이과로 나누게 된다. 이과 아이들의 경우 물리, 화학, 생명과학, 지구과학 중 2개~3개를 선택하게 되는데 대부분 많은 애들이 화학과 생명과학을 선택한다. 물리가 항상 인원수가 적다. 특히 남고 대비 여고는 더욱 물리 선택하는 아이들이 없다보니 물리 1등급이 1명 정도 밖에 안 되는 경우도 참 많다. 그러다보니 물리 선택하는 것에 대해 많은 학생들이 고민하게 되고 내신 받기가 어려우니 물리 선택하지 말아야 겠다라고 생각하게 된다. 그런데 사실 물리를 선택하는 것이 수시에서는 유리하다. 그 이유 중 하나는 물리는 공부하기에는 어렵지만 물리와 관련된 학과는 경쟁률이 낮고 대부분 내신 성적도 화학계열이나 생명계열에 대비 하여 낮다. 대표적인 학과로는 전자공학과, 전기공학과, 기계공학과, 건축공학과, 건축학과, 신소재공학과 등이 있다. 이런 학과의 경우 물리를 꼭 선택해야 만이 수시를 준비하는 과정에서 불리하지 않는다는 사실이다. 그런데 간혹 물리 내신등급이 3등급이여도 괜찮냐고 물어보는 학생들이 있다. 물론 물리 점수가 좋을수록 유리한 것은 사실이지만 과목선택 인원수가 적은 것을 대학들이 알고 감안해서 평가하니 참고하자. 또 화학공학과를 준비 하는 학생들 중에 물리를 선택 안하고 생명과학과 화학만 선택하는 학생들이 많다. 하지만 화학공학과 입학 후 가장 많이 배우는 것은 오히려 물리다. 화학공학과에서도 사실 물리를 잘 할수록 유리하다는 것을 기억해 두자.

실제 이과 학생들이 컨설팅문의가 왔을 때 제일 먼저 하는 질문이 과학탐구 과목 무엇을 선택해야 할 것인지 묻는다. 많은 학생들이 생명과학과 화학을 말하면 나는 생명과 화학계열 학과들의 경쟁률에 대해 알고 있는지 질문하면 대부분 모른다고 말을 하는 학생들이 많다. 실제 학교에서는 화학과 관련된 실험들을 물리 실험보다 더 많이 진행하다 보니 화학에 더 많은 관심을 가지게 된 것이다. 그리고 물리는 수학만큼이나 어렵고 계산을 많이 해야 해서 어렵다고 느끼는 경우가 많다. 그래서 물리를 회피하는 경우가 많은데 대학을 잘 가고 싶다면 그리고 취업이 잘 되는 학과를 가고 싶다면 물리를 선택하는 것이 오히려 신의 한수가 될 수 있다.

현재 고등학교 1학년 학생이라면 과목 선택에 있어서 고민이라면 물리를 적극적으로 추천한다. 물리 선택 시 화학과 생명과학 보다 어렵다 하더라도 나중에는 분명 좋은 학과에 입할 할 수 있는 기회를 얻을 수 있을 것이다.

문과 사회탐구 선택과목 과연 무엇이 유리할까요?

고등학교 1학년 때 과목 선택을 하는 과정에서 문과 학생들은 많은 고민에 빠진다. 문과 선택과목은 다음과 같다.

한국지리, 세계지리, 세계사, 동아시아사, 경제,
정치와 법, 사회문화, 생활과 윤리, 윤리와 사상

총 9개 중에서 보통 2학년 때 2~3개 , 3학년 때 2개를 선택하는 경우가 많다. 상담 왔던 학생들 중에 상경계열을 희망하는데 경제 선택하는 것에 대해 의견을 물었다. 왜 경제를 선택을 고민하는지 물었을 때 당연히 상경계열은 경제를 의무적으로 해야 하는 것 아닐까요? 라는 답변을 했었고 학교에서 학과 별 선택을 하면 좋은 점은 상경계열은 경제과목이 있다는 것이다. 하지만 학생이 했던 답변과 달리 꼭 상경계열을 희망한다고 해서 경제를 선택할 필요는 없다고 본다. 특히 경제는 사회탐구 과목 중 인원 수가 가장 낮아서 1등급이 1명이거나 혹은 폐강 되는 경우가 많은 과목에 해당되기 때문이다. 실제 경제를 선택했던 학생들 중에 경제 선택 인원이 한 학교당 10명도 되지 않은 학교들도 많아서 아예 폐강된 경우도 많았다. 문과는 이과와 다르게 과목 선택하는 방법이 학과에 맞춰서 할 필요가 없다. 그럼 다음 조건에 맞춰서 과목선택 하는 것을 추천한다.

① 문과는 학생들이 가장 많이 선택한 과목으로 정할수록 유리하다.

인원이 많은 과목일수록 공부를 많이 하게 되면 내신이 잘 나올 확률이 높기 때문이다. 보통 사회문화, 생활과 윤리, 윤리와 사상의 경우 항상 선택 인원수가 많은 편이다. 수요조사 결과를 꼭 참고하여 인원 수가 많은 과목을 선택하는 것이 중요하다. 그 이유는 당연히 인원수가 많은 과목은 그만큼 내신을 상승시키는데 있어서 유리하기 때문이다.

② 본인의 강점인 과목을 선택하는 게 중요하다.

경제를 제외하고는 각 과목별 특징들이 있다. 예를 들면 역사에 관심이 많고 평소 역사를 잘 알고 있다면 세계사 혹은 동아시아사 과목이 유리하다. 지리과목에 강한 학생의 경우는 한국지리, 세계지리 과목을 추천한다. 계산 문제가 어려운 경우는 생활과 윤리와 윤리와 사상을 선택하는 것이 유리하다. 또 암기하는 것은 어려워 오히려 도표분석에 자신있거나 하는 학생은 사회문화를 선택하는 것이 유리하고 암기 하나는 자신있는 학생들은 정치와법을 선택하는 것이 본인에게 유리한 결과를 가져다 줄 수 있다. 본인의 강점인 과목을 선택할 경우 효율적으로 내신 등급을 만들 수 있다는 점을 참고하자.

중학교 때 각 과목별 선행 어떻게 해야 하나요?

특히 중학교 3학년은 여름방학 시즌이 되면 고등학교와 관련된 질문들을 많이 한다. 고등학교 선택 관련 질문도 많이 하지만 선행을 과목별로 어떻게 하면 좋을지에 대한 질문들을 주로 많이 하는 편이다. 그렇다면 과목별로 선행을 어떻게 하면 유리할지 주요 과목들에 대해 알아보기로 하자.

※수학, 과학, 영어, 국어

① 수학 : 수학 과목은 학생들과 학부모들이 제일 많이 하는 질문 중에 하나이다. 수학 선행을 어떻게 하면 좋을지에 대한 질문들이 많다. 수학은 선행으로 우선으로 진도를 빼서 끝내기 바쁜 학원들도 많다. 좋은 방법은 아니라고 말해주고 싶다. 수학선행은 완벽하고 꼼꼼하게 하는 것이 중요

하다. 즉 선행이 우선이지 않다는 것이다. 무조건 선행으로 수학공부를 하는 것이 중요한 것이 아니라 제대로 기초를 잘 잡아서 철저히 해나가는 것이 더 중요하다는 것이다. 그래야 나중에 가서 수포자가 되지 않는다. 실제 고등학교 1학년, 2학년 학생들을 상담하다 보면 수학선행을 안한 학생은 10명 중에서 3명 정도 밖에 되지 않는다. 그만큼 모두가 선행을 열심히 했는데도 불구하고 내신이 좋지 않는 것은 완벽한 선행 보다는 진도 위주로 선행을 진행했기 때문이다. 중학교 3학년 학기 초부터 수학선행이 진행 된다면 고등학교 입학 전까지는 수(상), 수(하), 수 I 까지는 할 수 있다고 생각한다. 그래서 중학교 3학년 여름방학부터 수학선행이 진행된다고 하더라도 수(상), 수(하)로 충분하다고 본다. 그리고 중간 중간 본인의 실력을 체크해 보는 것이 중요하다. 족보닷컴 사이트에 들어가면 각 학교별 중간고사, 기말고사 시험지를 다운 받아서 풀어 볼 수 있다. 풀어보고 부족한 파트는 꼭 보충할 줄 알아야 한다. 그래서 부족한 부분은 반드시 체크하여 수학시간을 개인별로 늘리는 게 좋다. 간혹 부모님들은 수학학원에만 맡겨 놓는 경우가 많은데 이럴 경우 진도만 빼는 선행이 진행되면서 향후 고등학교 1학년 내신 등급은 3~4등급 사이에 머물게 된다. 그러니 꼼꼼히 완벽하게 천천히 기초가 잡힌 후 선행이 진행 될 수 있도록 하자.

② 과학 : 중학교 3학년 때부터 이과를 희망하는 학생이라면 과학 선행도 반드시 이루어져야 한다. 많은 중학교 부모님들과 학생들이 수학의 중요성은 인지하지만 과학은 별로 중요성은 인지하지 않는 경우가 대부분이다. 그런데 수학만큼이나 과학이 중요하다는 사실을 알아야 한다. 과학

의 경우는 고등학교 1학년 때 배울 과학 과목인 통합과학을 미리 하는 것이 중요하고, 시간적 여유가 있다면 2학년 과학탐구 선택 과목 중 어려운 과목 한 개를 미리 공부를 해두는 것을 추천한다. 과학탐구 선택과목은 물리, 화학, 지구과학, 생명과학이 있다. 지구과학, 생명과학의 경우는 암기 과목이기 때문에 굳이 선행을 진행하지 않아도 된다. 본인이 희망하는 학과에 맞춰서 물리와 화학 중에서 한 개 과목은 적어도 선행을 중학교 3학년 때부터 해두는 것을 추천한다. 물론 과학탐구도 어렵기 때문에 요즘은 선행이 선택이 아닌 필수로 생각하고 있다.

③ 국어 : 국어 선행 방법에 대해 잘 모르는 학부모들이 많다. 우리 아이는 어렸을 때부터 지금까지 논술학원을 다니고 있다고 많이들 말한다. 하지만 고등학교 때는 이 논술학원이 크게 도움이 되지 않는다. 실제 중학교 3학년 아이가 찾아와서 논술학원에서 하는 자료를 보여줬는데 상당히 놀라웠다. 그 이유 중 하나는 너무 쉬운 책 위주로 아이들을 가르치고 있었고 주로 전 세계에서 사랑 받고 있는 명작도서들 위주였다. 그런데 고등학교 문학작품은 우리나라 고전소설이 주를 이룬다. 우리나라 고전소설들을 공부하지 않는다면 논술학원을 다닐 필요는 없다. 고등학교 과정을 준비시켜주는 논술학원이면 모를까 굳이 해외명작도서들만 다뤄주고 책 읽기만 무한정 시키는 학원은 의미가 없다는 것이다. 왜냐하면 결국 수능과 고등학교 내신시험은 주로 고등학교 교과에 나오는 문학과 연계된 작품으로 출제되기 때문이다. 서점에 가면 예비 매3비(매일 지문 3개씩 푸는 비문학 독서 기출), 예비 매3문(매일 지문 3개씩 푸는 문학기출) 같은

이런 책을 사서 매일 문학 3지문, 비문학 3지문을 풀면서 꾸준히 반복해서 공부하는 것이 오히려 대입을 준비하는데 유리할 수 있다는 점을 참고하자. 국어 또한 깊이 있는 사고력과 논리적인 사고력까지 갖출 수 있어야 하는 것임을 명심하자.

④ 영어 : 고등학교 입학 후 아이들에게 가장 충격적인 과목은 수학과목이 아닌 영어과목이다. 중학교 시험대비와 고등학교 시험대비는 지문이 최소 5배 많게는 15배까지 차이 나는 학교들이 있다. 그만큼 부교재 사용하는 학교들과 모의고사 변형문제로 내신을 출제하게 되면서 다양한 지문의 암기를 많이 할 수밖에 없는 상황이 생긴다. 시간이 부족하다 보니 모든 지문을 다 하는데 한계점이 있고 결국은 내신 성적이 생각보다 좋게 안 나오는 경우가 많다. 영어는 기본베이스를 잘 만들고 입학하는 것이 중요하다. 그래서 영어는 학부모들이 유치원 때부터 꾸준히 많이 투자하지만 막상 고등학교 가면 인풋대비 아웃풋이 높지 않다는 것이다. 무조건 비용 많이 든다고 해서 결과가 좋은 것은 아니다. 고등학교 내신은 효과적으로 올리기 위해서는 가장 중요한 영어공부는 영문에서 정확한 해석 실력을 갖추는 것이다. 즉 우리말로 온전히 해석되어야 하고 이해되어야 하는 것이며 깊이 있고 풍부한 단어 실력을 갖추면서 수능이나 내신에 출제 되는 필수 영단어 범위를 학습하는 것이고 깊이 있는 독서로 논리적 사고능력등을 갖추는 것이 중요하다. 특히 수행평가로 에세이 작성하기, 편지쓰기 등 영작을 해야 하는 경우가 많은데 기본이 되지 않으면 영작이 아예 불가능하다. 서술형에서도 영작하는 문제에서 틀리는 경우가 상당히 많다. 영문법과 독해, 영작까지 모두 완벽하게 해야 한다는 점 참고하자.

지방거점국립대학교에 입학하기 위해서는 어떻게 해야 하나요?

수도권 이외의 지역에 설명회나 컨설팅을 진행하면서 많이 받는 질문 중 하나는 지방거점국립대학교에 대한 질문을 많이 한다. 아무래도 지역과 가깝다 보니 대입을 지방거점국립대로 준비 하려는 학생들이 많기 때문이라는 생각을 한다. 우선 지방거점국립대의 경우 10년전에 비해 합격 내신 컷이 많이 낮아졌다. 그 이유중 하나는 갈수록 지방거점국립대보다는 in서울 대학교들을 더 선호하기 때문이다. 특히 10년전 in서울대학교 합격 내신 컷에 비해 오히려 지금 더 높아졌다. 하지만 지방거점국립대도 내신관리와 생활기록부 관리를 제대로 하지 않으면 입학이 불가능 할 수 밖에 없다. 특히 부산대, 경북대, 전남대, 충남대는 지방거점국립대 중에서도 인기가 높은 학교들이기 때문에 더 열심히 준비 해야 한다. 절대 만만하게 봐서는 안되는 일이다. 특히 내신이 3등급대 학생인데 지방거점국립대를 생각하고 있다면 더욱 내신관리에 신경쓰는 것을 추천한다. 성적 상승곡선을 만드는 것이 중요하다. 인기 있는 지방거점국립대는 웬만한 in서울 대학보다 내신 컷이 높기 때문이다.

그렇다면 지방거점국립대를 준비하기 위해서는 어떻게 해야 할까? 지방거점국립대는 총 크게 3가지 전형으로 학생들을 선발하고 있다고 볼 수 있다.

첫 번째는 교과전형이다. 교과전형의 경우 내신이 가장 중요하고 대부분 수능최저학력기준이 있기 때문에 수능공부가 함께 진행되어야 한다. 교과전형은 내신이 높을수록 유리하다는 점을 반드시 참고하여 알아두자.

두 번째는 학생부종합전형이다. 지방거점국립대는 in서울 만큼이나 생활기록부에서 전공적합성의 중요성이 높다는 것을 잊지 말자. 특히 생활기록부의 과목별 세특에서 전공과 관련된 내용을 꼭 챙겨야 한다.

학생부종합전형의 경우 in서울 대학과는 다르게 학교마다 수능최저가 있는 경우도 있고 없는 경우도 있다. 입시요강을 꼼꼼하게 살펴보는 것을 추천한다.

마지막으로 지역인재 전형이 있다. 지역인재 전형은 지역학생들을 일정비율 선발하는 전형이다. 지역인재의 전형은 교과전형 혹은 학생부종합전형으로 선발하는 경우가 있으니 해당 대학교 입시요강을 꼼꼼히 살펴보고 체크해두는 것을 잊지 말아야 한다.

지방거점국립대학교의 아웃풋에 대해 질문하는 경우도 많다. 하지만 요즘은 지역기반의 공기업이 많기 때문에 입학하여 커리어 관리를 잘한다면 취업에서 좋은 결과를 만들 수 있는 장점이 있다고 생각한다. 최근 지방거점국립대보다는 in서울대학교 선호도가 높아진 것은 in서울대학교에 대한 지방학생들의 로망과 좀 더 많은 다양한 경험을 해 볼 수 있다는 이유 때문인 듯하다. 하지만 최근에는 지방거점국립대를 살리기 위해서 지자체에서도 다양한 노력을 하고 있다. 그만큼 앞으로 in서울 만큼이나 좋은 기회를 만들어 갈 수 있다고 생각한다.

고등학생 체력관리 얼마나 중요한가요?

    고등학교 입학 후 운동을 열심히 하는 친구들도 있지만 시간이 부족하다는 이유로 운동을 못하는 학생들도 있다. 하지만 체력관리는 중요한 포인트다. 왜냐하면 고등학교 3학년이 될수록 공부해야 하는 양은 많아짐에 따라 체력관리에 실패하는 학생들도 많다. 특히 아침을 먹고 다니지 않는 학생, 저녁에 군것질로 식사를 해결하는 학생들은 체력관리에서 무너질 수밖에 없다. 그래서 체력관리를 잘하기 위해서는 운동과 식사 두가지를 놓치면 안된다. 학년이 올라갈수록 여학생 대비 남학생들이 더 성적을 빠르게 오르는 이유 중 하나는 체력이 여학생대비 남학생이 좋다 보니 새벽 3시까지 공부를 하는데 있어서도 훨씬 더 많은 양의 공부를 집중할 수 있는 체력이 있기 때문이다. 그만큼 체력관리는 중요하다. 제자 중 한 명은 고등학교 3년 내내 아침에 5시30분에 수영을 하고 학교에 등교 한 학생도 있었다. 이렇게 체력관리를 통해 그 제자는 무난하게 공부하여 좋은 대학에 합격했었다. 하지만 아침에 조금이라도 잠자기 바쁜 학생들 입장에서는 이렇게 시간을 만들어서 운동을 한다는 것은 어려울 수밖에 없는 일이다. 그래서 추천하는 방법은 유튜브에 홈트레이닝 영상들이 많기 때문에 몇 가지를 골라서 따라 해보는 것도 좋다. 하루에 15분에서 30분만 투자한다면 그나마 체력관리에 큰 도움이 된다. 혹은 집에 실내자전거를 타면서 암기과목을 외우는 것도 좋은 방법이니 실행해보도록 하자. 운동이외에 식단관리도 중요한데 아침을 무조건 챙겨먹어야 한다라는 말은 한 번쯤 모두가 들어봤을 것이다. 하지만 아침을 먹을 시간이 부족하기에 먹지 않고 등교하는 경우가 있는데 간단하게라도 과일과 요거트 혹은 계란등 빠르게 먹을 수 있는 것이라도 먹고 등교 하는 것이 좋다. 특히 점심시간에 급식을 잘 먹는 것이 중요하며 간식으로는 과자보다는 견과류 등을 먹는 것을 추천한다.

이외에도 홍삼이나 영양제를 먹기 귀찮다는 이유로 부모님이 챙겨줘도 거부하는 학생들이 많다. 하지만 체력은 본인이 챙기는 것이기 때문에 틈틈이 먹으면서 체력관리 하자. 그래야만이 3년 내내 버틸 수 있는 체력이 되고 입시전략도 공부도 모두 성공할 수 있을 것이다.

자퇴 후 검정고시 준비 어떻게 생각하나요?

내신 성적이 좋지 않아서 자퇴를 하고 검정고시에 합격 후 정시지원을 고민하는 학생들이 많다. 하지만 실제 만났던 제자들 중에 자퇴를 하고 검정고시에 합격 후 수시지원을 할 수 있는지에 대해 질문하는 학생들이 많다. 그리고 수시지원에서 학생부종합전형 합격 가능성도 높은지에 대해서도 많이 물어본다. 이 학생들이 이런 질문을 하는 경우는 대체로 수능공부를 하면서 모의고사 결과를 살펴본 결과 원하는 만큼 결과가 나오지 않기 때문이다. 여전히 대학은 정시보다 수시로 선발하는 비율이 높다. 따라서 수시 6장을 포기하는 것은 손해라고 생각한다. 검정고시로 합격한 학생들도 수시원서를 넣을 수는 있지만 in서울 주요대학에 합격하는 것은 어려운 일이다. 주로 검정고시 학생들은 검정고시 점수로 수시를 지원하지만 대학은 정상적인 고등학교의 내신 값이랑은 다르기 때문에 검정고시 만점자라고 하더라도 내신 2등급 학생보다 낮다고 생각하는 경우가 많다. 그리고 검정고시 합격자들은 생활기록부가 없기 때문에 활동과 관련된 포트폴리오를 제출을 요구하는 대학교들이 종종 있다. 하지만 검정고시를 준비 하면서 학교 밖 이외의 활동들이 많이 할 수 있는 환경이 아니기 때문에 결국 대부분이 학생부종합전형에 지원해도 불합격하는 경우가 많을 수밖에 없다.

그렇다면 자퇴 후 대입에 합격할 수 있는 방법은 결국 정시가 길이라는 것이다. 그래서 대부분 기숙학원에 들어가서 모의고사 공부를 열심히 하면서 수능을 대비 하고 있다. 실제 강남 8학군에 자퇴생이 증가 하고 검정고시로 준비 하여 정시에 올인하는 학생들이 증가 하고 있다. 하지만 과연 이 방법이 무조건 맞는 것인가 라는 고민을 해볼 수밖에 없다. 수시 6장을 버리고 고등학교를 자퇴하여 검정고시쪽으로 선택했기 때문에 정시 3장만 지원할 수밖에 없는 전략이다. 그러니 내신을 망쳤다고 절대 좌절하지 말자. 다시 성적상승을 만들기 위해 내신관리를 하고 생활기록부를 전략적으로 준비 한다면 길은 있으니 말이다. 죽기 아니면 까무러치기 정신 포기하지 않고 도전한다면 대입은 성공할 수 있다고 믿는다. 학교를 그만두고 선택한 것이 결코 본인 스스로에게 이로울 수만은 없는 것이다.

제6부

2022학년도
대입합격자 인터뷰

원광대학교 의과대학 합격자 인터뷰

Q. 2022학년도 대입에서 합격한 대학교를 말해주세요.

원광대학교 의예과 최종 합격, 전남대학교 의예과 1차 합격

Q. 언제부터 학생부종합전형을 준비하기로 결심하셨나요? 결심하신 계기는 무엇인가요?

고등학교 입학할 때부터 학생부종합을 준비했습니다. 의예과는 내신이 높아도 불합격하는 경우가 다수 있는 것으로 알고 있었고 내신을 1점 극 초반으로 유지한다는 보장이 없어서 무조건 종합을 끌고 가겠다는 결심을 하고 고등학교 생활을 시작했습니다.

Q. 생활기록부를 관리하면서 제일 어려웠던 점은 무엇인가요?

세부능력특기사항 주제 선정이 가장 어려웠습니다. 생활기록부에 전체적인 흐름, 공통된 관심사를 설정하고 교과목에서 그 부분과 연관시키는 일이 혼자 하기에 쉽지 않았습니다. 그래서 분기별로 한 번씩 김하민 선생님과 대면으로 생기부 개요를 짜는 것이 큰 도움이 되었습니다. 각 과목별로 쓸 주제를 미리 추천해주시고 예정된 수행평가 별로 어떤 활동을 할지 계획을 세웠습니다. 그 과정에서 관련된 기사 등을 찾아서 보내주시기도 하셨습니다. 이후, 수행평가 시즌이 되면 제가 만든 최종 결과물을 다시 한 번 피드백 해주셔서 여러 차례에 걸쳐 수정을 할 수 있었습니다. 이 과정이 있었기 때문에 학기 중에 시험 대비에 집중할 수 있었고 생기부의 전체적인 흐름도 잡아갈 수 있었습니다.

Q. 진로를 언제부터 결정하셨고 전공적합성 활동은 어떤 것을 진행하셨나요?

최종적으로 '의사'라는 진로를 결정한 것은 중학교 3학년 때이고, 고등학교 2학년 때 잠깐 약대를 고민하긴 했지만 2학년 2학기에 '약대 말고 무조건 의대'에 원서를 쓸 것을 결정했습니다.

고등학교 1학년 때는 의학과 생명과학에 대한 전반적인 흥미를 드러내는 느낌으로 마스크 분진투과율 실험, 기생충을 이용한 질병 치료 등의 내용을 진행했습니다.

2학년부터는 본격적으로 '당뇨병'에 중점을 두고 생기부의 큰 흐름을 잡아가기 시작했습니다. 화학1 세부능력특기사항의 경우 당뇨병 약물에 대한 구체적인 탐구를 진행했고, 그 외 자체적으로 당뇨병과 관련된 포스터를 꾸준히 제작한 내용을 자율 활동에 넣었습니다. 당뇨 관련 내용 외에는 자체 탐구를 많이 진행했습니다. 예를 들면, 손 소독제와 손비누의 효능 차이, 학교에서 소독이 잘 이루어지지 않는 곳 등을 주제로 설정하여 직접 실험을 진행하고 결과를 발표한 내용을 기록하였습니다.

3학년에는 좀 더 전문적인 내용을 넣으려고 노력했습니다. 당뇨에 관련해 더욱 심화 적으로 들어가 당뇨와 감염 사이의 관계 등을 탐구하였고 당뇨에서 조금 더 확장하여 혈당, 저혈당증에 관한 포스터를 꾸준히 제작한 내용을 기록했습니다. 그 외에는 해부실험을 진행한 내용, 구체적인 수술방법에 대해 발표한 내용도 기록했습니다.

Q. 내신이 궁금해요. 고등학교 1학년부터 고등학교 3학년 까지 성적을 말해주세요.

(주요과목과 전교과)

1학년) 주요과목(국영수과): 1.37 / 전교과: 1.36

2학년) 주요과목(국영수과): 1.52 / 전교과: 1.6

3학년) 주요과목(국영수과): 1.4 / 전교과: 1.4

Q. 본인이 합격한 비결은 무엇이라고 생각하시나요?

생기부에서 하나의 전체적인 흐름을 갖고 다양한 활동을 했기 때문이라고 생각합니다. 컨설팅을 받기 전에는 각 교과목과 관련된 내용만 생각하고 전체적인 흐름을 잡는 부분에서는 어려움을 많이 느꼈습니다. 컨설팅을 통해 큰 주제를 잡고 시작하니 생활기록부 주제 선정도 더 수월하고 탄탄한 생활기록부 제작에 도움이 되었습니다.

Q. 학교에서 생활기록부 관리를 잘 해주셨나요?

아니요, 학교에서 진행하는 수행평가만으로는 생활기록부에 좋은 내용을 넣기에 부족했다고 생각합니다. 그래서, 제가 선생님께 먼저 가서 이런 프로젝트를 진행하고 발표를 해도 되는지, 추가적인 발표를 한 번 더 진행해도 되는지 여쭤보고 더 많은 활동들을 진행했습니다.

Q. 고교블라인드 실행의 장점과 단점은 무엇이 있나요?

장점은 학교 이름이 가려지기 때문에 좀 더 공정한 입시가 가능할 수 있습니다. 다만, 전체적인 생활기록부를 보면 어느 정도는 학교 수준을 알 수 있기 때문에 아주 큰 의미는 없다고 생각합니다.

단점은 내신 따기가 어려운 일반고가 내신 따기 쉬운 일반고와 구별되지 않을 수 있다는 점입니다.

Q. 학급 회장, 부회장 혹은 동아리 기장은 꼭 해야 한다고 생각하시나요?

의예과를 지망한다면 교과 성적이 우선이기에 필수는 아니라고 생각합니다. 다만, 다른 부분에서 동점일 경우 평가 요소가 될 수 있기 때문에 본인이 이러한 역할들에 생각이 있다면 하는 것이 좋다고 생각합니다. 직책을 맡으면 생활기록부에 리더십을 드러내는 것이 아니더라도 본인이 어떤 활동을 주도할 수 있는 기회를 잘 활용하여 더 좋은 내용을 만들어낼 수 있다고 생각합니다. 실제로, 저는 3년간 학급 회장을 맡았는데 반 친구들에게 프로젝트 관련 설문조사를 진행하거나 반 전체의 봉사를 유도하는 것이 훨씬 수월했습니다. 이러한 내용들을 생활기록부나 자기소개서에 넣었고, 면접에서도 유용하게 사용했습니다.

Q. 공부하면서 슬럼프를 극복한 사례가 있다면 꼭 알려주세요.

저는 슬럼프가 왔을 때 하루에 스스로 칭찬 3가지씩 하기, 장소 변화 주기를 통해 극복했습니다. 슬럼프가 오면 자존감이 너무 떨어져서 악순환이 계속 됐는데 노트에 하루에 3가지씩 제 자신에 대한 칭찬을 적으며 자존감과 컨디션을 회복하려고 노력하였습니다.

장소에 변화를 주는 것도 큰 도움이 되었습니다. 독서실을 옮겨 공부를 했더니 새로운 출발을 하는 느낌을 받아 마음을 다잡을 수 있었습니다.

Q. 마지막으로 대입을 준비하는 후배들에게 해주고 싶은 말은?

학교를 무조건 신뢰하지 않았으면 좋겠습니다. 특히 일반고의 경우 생활기록부에 풍부한 내용을 넣기에 기존 수행평가가 빈약한 경우가 많습니다. 그런 경우에 꼭 추가적인 활동을 기록할 수 있도록 하면 좋겠습니다. 원서 접수의 경우에도 전략이 중요하기 때문에 충분한 조사를 통해 결정했으면 좋겠습니다.

중앙대학교 경제학부 합격자 인터뷰

Q. 2022학년도 대입에서 합격한 대학교를 말해주세요.

중앙대학교 경제학부

Q. 언제부터 학생부종합전형을 준비하기로 결심하셨나요? 결심하신 계기는 무엇인가요?

1학년 1학기 때까지만 해도 정시로 가도 나쁘지 않겠다는 생각을 했습니다. 하지만 모의고사 성적은 점점 잘 나오지 않게 되었고, 1학기 2학기 때 컨설팅을 받으면서 정시보다 학생부종합전형으로 가는 것이 훨씬 유리하겠다고 확신했습니다. 그래서 방학 때는 사탐 예습과 수능 공부를 병행했고, 학기 중에는 대부분 내신 공부를 열심히 준비했습니다.

Q. 생활기록부를 관리하면서 제일 어려웠던 점은 무엇인가요?

컨설팅 받기 전에는 아무래도 수행평가를 할 때, 보고서나 발표 주제를 잡는 것이 정말 어려웠습니다. 어떤 주제를 정해야 흔하지 않지만 내 희망 전공에 관련하여 심화 할 수 있을지가 가장 큰 고민이었습니다. 하지만 컨설팅을 통해 도움을 받을 수 있었고 그 결과 저의 수험생활은 정말 수월하게 끝마칠 수 있었습니다.

Q. 진로를 언제부터 결정하셨고 전공적합성 활동은 어떤 것을 진행하셨나요?

1학년 2학기 때부터 확실하게 진로를 결정했습니다. 1학년 1학기 때는 대부분의 외고생들이 입학한 지 얼마 되지 않았을 때 정해놓은 외교 쪽 분야와 경영 쪽 두 분야 사이에서 또렷하지 않게 생활기록부를 작성했습니다. 2학기부터 본격적으로 경영경제 쪽으로 생활기록부를 만들어 나갔습니다. 전공적합성 활동은 모의 무역 대회 출전, 보고서 쓰기나 발표 수행평가 IT 기술과 빅데이터 관련한 경제를 주제로 잡아서 대부분 작성했습니다.

Q. 내신이 궁금해요. 고등학교 1학년부터 고등학교 3학년 까지 성적을 말해주세요.

(주요과목과 전교과)

고등학교 1학년 국어 3 심화영어 4 수학 3 영어 4 통합사회 4 통합과학 3 일본어 3 전교과 3.8

고등학교 2학년 국어 1 심화영어 4 수학 2 영어 4 경제 4 사회문화 3 일본어 4 전교과 3.4

고등학교 3학년 국어 3 심화영어 4 수학 4 한국지리 4 생명과학 3 일본어 2 전교과 3.8

Q. 본인이 합격한 비결은 무엇이라고 생각하시나요?

제가 중앙대학교 경제학부 탐구형으로 합격할 수 있었던 비결은 탐구형 전형에 딱 맞는 방식으로 생활기록부를 작성했기 때문이라고 생각합니다. 특히 경제 분야를 중점으로 파고든 세특 덕분입니다. 그리고 세특 주제도 다른 친구들이 많이 다루지 않지만 요즘 이슈가 되고 있는 것들을 중점으로 잡다 보니 교수님들에게 흥미로운 생활기록부가 되었을 거라고 생각합니다. 그리고 경제학과에서 중요한 수학내신 등급 덕분도 있었습니다.

Q. 학교에서 생활기록부 관리를 잘 해주셨나요?

우리 학교는 외고이다 보니 아무래도 선생님들께서 세특을 잘 적어주시려고 노력하셨습니다. 생활기록부도 최대한 길고 알찬 내용으로 적어주려고 하셨습니다. 그래도 본인 생활기록부는 본인이 알아서 꼼꼼하게 챙기는 것이 가장 중요합니다.

Q. 고교블라인드 실행의 장점과 단점은 무엇이 있나요?

고교블라인드 실행의 장점은 아무래도 지역적인 차별이 없어진다는 것이라고 생각합니다. 서울에 있는 자사고, 특목고라고 해서 조금 더 좋게 보고, 지방에 있는 학교라고 해서 덜 좋게 보는 그런 색안경들이 벗겨진 것이 가장 큰 장점입니다. 하지만 지금 실행하고 있는 고교블라인드는 솔직히 말해서 모든 색안경을 벗기기 힘들다고 생각합니다. 아무리 학교 이름을 드러내지 않는다고 해도 생활기록부 내용만 보면 특목고인지 일반고인지 한 눈에 알 수 있습니다. 앞으로 완벽한 고교블라인드를 실행하려면 조금 더 철저한 절차가 필요하다고 생각합니다.

Q. 학급 회장, 부회장 혹은 동아리 기장은 꼭 해야 한다고 생각하시나요?

전 솔직히 해야 한다고 생각합니다. 반장, 부반장이 번거롭고 공부에 지장이 된다고 생각한다면 동아리 기장이라도 해야 합니다. 어떻게 해서든 자신의 리더십을 보여줄 수 있는 활동은 적극적으로 참여했으면

좋겠습니다. 저는 학급 회장, 부회장은 하지 않았습니다. 동아리 기장만 한 적이 있는데, 솔직히 고등학교 3년이 끝나고 살짝 후회했습니다. 할 수 있다면 해보는 것이 좋다고 생각합니다.

Q. 공부하면서 슬럼프를 극복한 사례가 있다면 꼭 알려주세요.

3학년 때 확률과 통계 공부를 하다가 잠깐 슬럼프가 왔던 적이 있었습니다. 어떻게 식을 세워야 할지 감이 잡히지 않아서 정말 확률과 통계가 싫었습니다. 하지만 끝까지 하기 싫다고 안 하지 않고 어떻게든 식 세우는 방법을 터득하기 위해서 노력했습니다. 비슷한 유형을 스스로 풀 수 있을 때까지 풀어보았고, 그렇게 하다 보니 점점 방법을 터득했습니다. 스스로

확통 문제를 풀 때마다 희열을 느끼면서 이 슬럼프를 잘 극복 할 수 있었습니다.

Q. 마지막으로 대입을 준비하는 후배들에게 해주고 싶은 말은?

대입은 정말 끝까지 포기하면 안 된다고 말해주고 싶습니다. 진부한 말이지만, 정말 끝날 때까지 끝난 게 아닙니다. 그리고 대입 결과는 그 누구도 알지 못합니다. 그러니까 끝까지 포기하지 않고 힘내서 고3 생활까지 힘내서 파이팅 하시면 좋은 결과를 받을 수 있습니다.

중앙대학교 유럽문화학부 러시아어어문학전공 합격자 인터뷰

Q. 2022학년도 대입에서 합격한 대학교를 말해주세요.

중앙대학교 유럽문화학부 러시아어어문학전공

Q. 언제부터 학생부종합전형을 준비하기로 결심하셨나요? 결심하신 계기는 무엇인가요?

저는 고등학교 입학과 동시에 학생부종합전형을 준비하기로 결심했습니다. 평소 제 공부 방법은 수능과 거리가 있었기 때문입니다. 또한 저는 어문 계열로의 진학 의지가 뚜렷했습니다. 확실한 진로 덕분에 생활기록부 관리 계획을 세우기 유리했습니다. 따라서 처음부터 학생부종합전형을 선택해서 전략적으로 입시에 접근했습니다.

Q. 생활기록부를 관리하면서 제일 어려웠던 점은 무엇인가요?

생활기록부에 들어갈 내용을 정리하는 시기는 보통 학기 말입니다. 짧은 기간 동안 한 학기. 또는 1년 동안의 활동을 정리하게 됩니다. 따라서 자신이 했던 활동을 미리 정리하지 않으면 기억이 나지 않아 힘듭니다. 저도 선생님께 보여드릴 자료를 정리할 때 어려움을 겪었습니다. 그래서 저는 자주 활동 내용과 느낀 점을 간단히 기록해두었습니다.

Q. 진로를 언제부터 결정하셨고 전공 적합성 활동은 어떤 것을 진행하셨나요?

고등학교 진학 전부터 어문 계열로 진학해야겠다고 생각했습니다. 그리고 고등학교 1학년이 끝나갈 때쯤 '러시아'로 구체적인 진로 분야를 정했습니다. 전공 적합성 활동으로는 러시아 관련 독서 활동, 러시아 시사 문제 토론, 러시아 국영 기업 조사 보고서 작성, 러시아 건강관리기기 시장 분석 보고서 작성 등이 있습니다.

Q. 내신이 궁금해요. 고등학교 1학년부터 고등학교 3학년까지 성적을 말해주세요.

(주요 과목과 전 교과)

주요 과목 성적은 1학년 때 3점대 후반, 2학년 때 5점대 후반, 3학년 때 5점대 중반이었습니다.

전 과목 성적은 1학년 때 3점대 중반, 2학년 때 4점대 후반, 3학년 때 4

점대 중반이었습니다.

Q. 본인이 합격한 비결은 무엇이라고 생각하시나요?

전공적합성(계열 적합성)에서 큰 점수를 받아 합격할 수 있었던 것 같습니다.

저는 주요 과목, 전 교과 성적 모두 1학년 때에 비해 2, 3학년은 낮습니다. 흔히 말하는 상승 곡선의 정반대 모양이었습니다. 하지만 생활기록부에서 진로에 대한 꾸준한 열정과 관심을 드러냈습니다. 러시아 학술 동아리 활동, 러시아 민족을 연구하는 소모임 활동, 번역 봉사 활동, 러시아어 멘토링 등 제 진로 분야와 연관된 활동이면 주저하지 않고 시도했습니다. 학생부종합전형에 지원할 때도 비교적 전공 적합성을 보는 비율이 높은 전형과 학교에 지원하여 좋은 성과를 낼 수 있었습니다.

Q. 학교에서 생활기록부 관리를 잘 해주셨나요?

제가 재학했던 학교는 아무래도 외고이다 보니 생활기록부 관리를 잘 해주는 편에 속했습니다. 하지만 학교에서 생활기록부 관리를 아무리 잘 해주더라도 결국은 본인 의지가 가장 중요합니다. 학교 선생님들께 강력하게 자신의 진로를 말하고, 자주 질문하면 선생님께서 먼저 좋은 소재를 알려주시기도 합니다.

Q. 고교블라인드 실행의 장단점은 무엇이 있나요?

고교블라인드 실행의 단점은 아무리 좋은 내신을 받기 어려운 학교가

블라인드 처리를 통해 알 수 없다는 사실입니다. 고교블라인드 실행의 장점은 모든 학교가 블라인드 처리되어있어 성적이 조금 낮아도 생활기록부를 잘 관리하면 좋은 평가를 받을 수 있다는 점입니다.

Q. 학급 회장, 부회장 혹은 동아리 기장은 꼭 해야 한다고 생각하시나요?

학급 회장, 부회장 등 리더십을 보여줄 수 있는 활동은 한번은 해야 한다고 생각합니다. 자기 주도적으로 문제를 해결하는 과정 혹은 자신의 진로와 관련된 프로젝트팀을 직접 만들어서 팀장을 해보는 것도 좋은 경험이 됩니다. 저는 러시아 문학 프로젝트팀의 팀장을 맡아 러시아 문학가의 생애와 도서를 친구들과 주도적으로 탐구했습니다.

Q. 공부하면서 슬럼프를 극복한 사례가 있다면 꼭 알려주세요.

저는 체력이 항상 문제였습니다. 공부하면서 수면 시간이 줄어드니 공부에 집중을 못 했고, 성적이 떨어지는 악순환을 반복했습니다. 따라서 고등학교 2학년이 2학기 때부터 체력 관리를 시작했습니다. 가벼운 운동과 종합 영양제를 챙겨 먹는 것은 공부의 질을 높이는 데 큰 도움이 되었습니다. 체력이 좋아져서 공부에 집중할 수 있는 시간이 늘어나니 자연스럽게 성적이 조금 오르게 되었습니다.

Q. 마지막으로 대입을 준비하는 후배들에게 해주고 싶은 말은?

저는 학생부종합전형을 준비하는 후배들에게 크게 두 가지를 강조하고 싶습니다.

먼저, 자신의 진로 분야를 정하면 계속 관심을 가지세요. 평소에 관련 뉴스 기사나 도서를 많이 찾아보시고, 최대한 자신의 생활기록부 소재를 찾아보세요. 이 과정은 생활기록부 준비뿐만 아니라 면접 준비할 때도 도움이 많이 됩니다.

마지막으로, 자신을 믿으세요. 학생부종합전형은 가장 합격을 예측하기 힘든 전형입니다. 모두가 합격한다고 말한 학생이 불합격하기도, 모두가 불합격한다고 말했던 학생이 합격하기도 합니다. 불안하겠지만 끝까지 자신을 믿고 나아가세요.

서울시립대학교 경영학부 합격자 인터뷰

Q. 2022학년도 대입에서 합격한 대학교를 말해주세요.

서울시립대학교 경영학부에 합격하였습니다.

Q. 언제부터 학생부종합전형을 준비하기로 결심하셨나요? 결심하신 계기는 무엇인가요?

학생부종합전형은 다양한 학교 활동을 통하여 부족한 내신을 보완할 수 있는 기회라고 생각하였습니다. 그렇기 때문에 1학년 때부터 학생부종합전형을 준비하였습니다. 또한 다수의 대학교에서 학생부종합전형에 수능최저학력기준을 적용하고 있지 않았습니다. 스스로 생각하기에 수능과 내신이 약하였고, 발표나 면접 등이 자신 있었습니다. 따라서 저의 약점을 보완할 수 있고 강점을 살릴 수 있는 학생부종합전형을 준비하게 되었습니다.

Q. 생활기록부를 관리하면서 제일 어려웠던 점은 무엇인가요?

교과목 세특을 작성할 때 이 과목을 어떻게 전공 관련 활동과 연결시킬 수 있는지가 가장 어려웠습니다.

Q. 진로를 언제부터 결정하셨고 전공적합성 활동은 어떤 것을 진행하셨나요?

고등학교 입학 전 우연히 본 프로그램을 통해 마케팅을 하고 싶다고 생각하였습니다. 따라서 고등학교 1학년 때부터 마케팅을 전문적으로 배우는 경영학과에 진학하고 싶다고 생각하였습니다. 경영학과에 진학하기 위해 1학년 때는 교내 직업특강에서 마케터를 직접 만나보고 화장품 마케팅 부서의 채용 정보를 분석하였습니다. 2학년 때는 친구들끼리 팀원들끼리 하는 창업활동과 경영 이슈 관련한 토론을 진행하였습니다. 3학년 때는 개인으로 진행한 창업활동과 ESG경영 관련 활동들을 많이 하였습니다.

Q. 내신이 궁금해요. 고등학교 1학년부터 고등학교 3학년 까지 성적을 말해 주세요.

(주요과목과 전교과)

1학년 전교과 2.35 주요교과 2.05

2학년 전교과 2.46 주요교과 2.46

3학년 전교과 1.74 주요교과 1.71

전 학년 평균 전교과 2.30

전 학년 평균 주요교과 2.17

Q. 본인이 합격한 비결은 무엇이라고 생각하시나요?

수시를 포기하지 않고 3학년 때까지 열심히 내신관리와 생활기록부관리를 했기 때문이라고 생각합니다. 2학년 때 슬럼프로 인하여 성적도 많이 하락하고 생활기록부도 제대로 관리하지 않았습니다. 그러나 포기하지 않고, 3학년 때 열심히 하여 성적도 1등급대로 올리고 생활기록부에 들어갈 전공과 맞는 다양하고 알찬 활동들을 많이 진행하였습니다. 따라서 포기하지 않고 3학년 때 충실히 학교생활을 한 것이 저의 합격 비결이라고 생각합니다.

Q. 학교에서 생활기록부 관리를 잘 해주셨나요?

저희 학교는 대부분의 학생들이 수시로 진학하는 학교이기 때문에 생활기록부 관리를 잘 해주셨습니다. 생활기록부에 들어갈 수 있는 다양한 진로 관련 프로그램들을 학교에서 많이 운영하였고, 또한 각 과목별로 생활기록부에 들어가기 위한 활동들을 많이 제시해주셨습니다.

Q. 고교블라인드 실행의 장점과 단점은 무엇이 있나요?

장점은 공정한 평가가 가능한 것 같습니다.

단점은 학교 상황을 고려해주지 못한다는 점 같습니다.

Q. 학급 회장, 부회장 혹은 동아리 기장은 꼭 해야 한다고 생각하시나요?

저는 경영학과를 진학을 목표로 준비하였기 때문에 리더십 부분이 중요하였습니다. 따라서 저는 자율동아리 기장과 정규동아리 부기장을 하였습니다. 경영학과 이외에도 리더십은 현대 사회가 요구하는 중요한 덕목중 하나라고 생각합니다. 따라서 생활기록부에 리더십을 보여줄 만한 내용이 없다면, 학급 회장, 부회장 혹은 동아리 기장을 통하여 리더십을 보여주는 것이 좋다고 생각합니다. 그러나 1순위는 내신이기 때문에, 내신을 올려야 하는 상황이라면 학급 회장, 부회장 혹은 동아리 기장보단 내신을 올리는데 많은 시간을 투자해야 한다고 생각합니다.

Q. 공부하면서 슬럼프를 극복한 사례가 있다면 꼭 알려주세요.

1학년 때 학교생활을 정말 열심히 하였고 스트레스와 수면부족으로 인해 2학년이 되고 난 후 슬럼프를 크게 겪었습니다. 그래서 2학년 내신 성적이 많이 하락했습니다. 그렇지만 뚜렷한 목표를 가지고 있었고, 그 목표를 생각하면서 다시 일어날 수 있었습니다. 다시 일어나 3학년 때 학교생활을 정말 더 열심히 하였고 이것이 저에게 대학합격이라는 결과를 만들어 준 것 같습니다.

Q. 마지막으로 대입을 준비하는 후배들에게 해주고 싶은 말은?

수험생활 때를 생각해 보면 시험과 수행평가, 생활기록부 활동 등으로 인하여 정말 바쁜 하루를 보냈었습니다. 매일 잠이 부족하여 몸이 피로하였고 대학입시를 준비하는 과정에서 오는 불안감, 걱정 등으로 인한 스트레스도 많았습니다. 그렇지만 대학에 진학하고 난 후 그 과정에서 겪었던 모든 것들은 제가 성장하는 데 도움이 되었습니다. 고등학교 때 공부했던 내용들은 대학에 와서 깊이 있는 전공 공부를 하기 위한 탄탄한 배경지식이 되어있었습니다. 또한 고등학교 3년 동안 발표, ppt 제작 능력을 기를 수 있었고 다양한 책들도 많이 읽어 여러 가지 지식과 정보들을 얻을 수 있었습니다. 그리고 다양한 전공 관련 활동들을 하며 학과가 요구하는 인재상에 맞게 성장할 수 있는 발판을 다질 수 있었습니다. 이렇게 3년 동안 했던 나의 노력은 하나도 빠짐없이 대학 생활에 큰 도움이 되었습니다. 3년의 노력이 대학 생활을 보다 더 잘할 수 있고, 저라는 사람 자체를 성장시키게 해주었습니다. 고등학교 3년 동안 정말 많이 힘들고 많은 날을 울면서 보낼 수도 있지만, 입시의 과정들을 부정적으로만 바라보지 말고, 나를 성장시켜주는 과정이다 라고 생각을 하면서 입시에 임하였으면 좋겠습니다. 그리고 입시를 겪어봤기 때문에 대학입시를 한다는 것이 얼마나 힘들고 대단한 일을 하는 건지 누구보다 잘 알고 있습니다. 힘들고 어렵겠지만, 항상 포기하지 않고 끝까지 자신의 목표를 향해 달려간다면 웃을 수 있는 날이 언젠간 꼭 온다는 사실을 얘기해주고 싶습니다.

인하대학교 인공지능공학과 합격자 인터뷰

Q. 2022학년도 대입에서 합격한 대학교를 말해주세요.

인하대학교 인공지능학과 합격했습니다.

Q. 언제부터 학생부종합전형을 준비하기로 결심하셨나요? 결심하신 계기는 무엇인가요?

고1때부터 결심했습니다. 다만 고1때에는 입시 경로에 대해 잘 알지 못해 학생부종합전형이 가장 대학가기 편리하고 보편적인 방법이라는 학교 선생님의 말씀에 결심하게 되었습니다.

Q. 생활기록부를 관리하면서 제일 어려웠던 점은 무엇인가요?

세부능력특기사항에서 각 과목과 진로의 연결성에서 내용의 깊이 부분에 어려움을 겪었습니다. 생기부를 열심히 채우기 위해 보고서를 작성하고 발표하는 등 할 수 있는 활동은 모두 했지만, 단순히 조사한 것을 발표하고 끝나는 활동 즉, 내용과 활동의 깊이가 깊지 않은 활동으로만 채워졌습니다. 결국 양을 채우기 위한 질 낮은 활동이었고, 조사를 한 후 자신의 생각이 어떻게 변했는지 와 이와 연결되는 또 다른 활동을 하는 것이 필요함을 뒤늦게 알았습니다. 활동 간의 연결성이 필요하다는 것을 알지 못해 생활기록부를 어떤 방향으로 채워나가야 하는지에 대한 솔루션이 없어 어려움이 컸습니다.

Q. 진로를 언제부터 결정하셨고 전공적합성 활동은 어떤 것을 진행하셨나요?

1학년 때부터 수학과목을 좋아해서 수학과 관련 활동을 많이 했습니다. 2학년 때는 컴퓨터 IT계열에 관심을 가지고 로봇과 인공지능 기술, 인공지능에 쓰이는 수학적 개념에 대한 보고서를 작성하였습니다. 3학년 때는 인공지능과 관련하여 좀 더 심화적인 활동을 하고자 노력했으며 동아리에서 파이썬 프로그래밍 언어들을 배웠습니다.

Q. 내신이 궁금해요. 고등학교 1학년부터 고등학교 3학년 까지 성적을 말해주세요.

(주요과목과 전교과)

주요과목 = 고1 : 2.55 / 고2 : 2.21 / 고3 : 2.0

전교과 = 고1 : 2.6, 2.96 / 고2 : 2.64, 2.48 / 고3 : 2.0

Q. 본인이 합격한 비결은 무엇이라고 생각하시나요?

성적 상승곡선, 학년별 진로 변화 간의 연결성

Q. 학교에서 생활기록부 관리를 잘 해주셨나요?

별도의 관리는 없었습니다. 다만 추가로 제출한 활동 보고서 등은 잘 받아주셔서 생활기록부에 기재해주셨습니다. 생활기록부는 학교의 관리를 믿는 것이 아니라 본인이 스스로 많이 챙겨야 한다고 생각합니다.

Q. 고교블라인드 실행의 장점과 단점은 무엇이 있나요?

일반고였던 저에게는 장점이 많았습니다. 고교블라인드로 본교 학생들의 실력 고려 없이 성적 수치 그대로 평가받을 수 있었던 점이 장점인 것 같습니다. 단점은 자사고나 특목고와 같이 내신 경쟁력이 높은 학교 재학생에게는 성적 그대로 평가받을 시 본교 내 학생들의 수준이 고려되지 않아 성적이 저조한 학생으로 평가받을 수 있다는 것이 단점이라고 생각합니다.

Q. 학급 회장, 부회장 혹은 동아리 기장은 꼭 해야한다고 생각하시나요?

아니요. 학습 회장과 부회장, 동아리 기장이 아니더라도 리더십을 뽐낼 수 있는 활동을 한다면 선택이라고 생각합니다. 저는 학급 회장, 부회장 혹은 동아리 기장을 한 번도 안 했지만 5~6명으로 이루어진 조별 활동이 있는 경우에는 항상 조장의 역할을 수행했습니다. 큰 범위 내의 리더 자리가 부담스러운 경우 이와 같이 적은 범위 내에서 리더의 역할을 수행하는 것이 오히려 좋을 것 같습니다.

Q. 공부하면서 슬럼프를 극복한 사례가 있다면 꼭 알려주세요.

벼락치기를 최대한 하지 않으려 했습니다. 시간이 촉박한 상황에서 공부할 때 슬럼프를 자주 겪었기 때문에 평소에 틈틈이 주기적으로 복습을 하여 시험기간의 부담감을 줄여 나갔습니다.

혼자 공부하면 의지력이 부족하여 친구들과 밴드라는 앱을 이용하여 스터디 인증 모임을 만들어 함께 공부했습니다. 학교에 있는 시간을 활용하여 쉬는 시간, 점심시간에 친구와 공부하는 방식으로 학교 내에서 공부하는 시간을 늘렸습니다. 공부 환경을 일주일마다 바꾸기도 했습니다. (방구조 바꾸기, 스터디 카페 바꾸기)

Q. 마지막으로 대입을 준비하는 후배들에게 해주고 싶은 말은?

생활기록부 관련 : 활동 내용 및 느낀 점을 파일에 정리해야합니다. 고3 때 면접 준비할 때 수월합니다.

성적 관련 : 한문, 일본어/중국어와 같은 부수적인 과목보다 주요 과목에 시간을 더 많이 투자해야 합니다.

부족한 성적인 과목은 꼭 세특에서 활동으로 채울 수 있어야 합니다.

동국대학교 식품생명공학과 합격자 인터뷰

Q. 2022학년도 대입에서 합격한 대학교를 말해주세요.

동국대학교 식품생명공학과

중앙대학교 식품공학과

Q. 언제부터 학생부종합전형을 준비하기로 결심하셨나요? 결심하신 계기는 무엇인가요?

1학년 말에 내신이 1점대로 나오면서 처음에는 메디컬 계열로 진학하기 위해 학생부종합전형을 준비하기로 생각하면서 컨설팅을 고민한 적도 많았습니다. 그래서 컨설팅 진행 후 학생부종합전형을 적극적으로 준비하게 되었습니다.

Q. 생활기록부를 관리하면서 제일 어려웠던 점은 무엇인가요?

생활기록부를 관리하면서 가장 어려웠던 점은 선생님마다 학생부에 작성해주시는 기준이 다르셔서 어떤 분은 보고서만 작성하라고 하셨고 다른 분들은 보고서랑 발표까지 해야지만 생기부에 활동 내용을 적어 주셨습니다. 그러기에 저는 선생님들의 기준에 맞춰 보고서나 발표를 준비 했던 것이 어려웠습니다. 또한 많은 학생들의 생기부를 선생님들께서 적다 보니 제가 발표한 내용을 누락시키고 적어 주시지 않았던 선생님도 많았습니다. 이럴 때마다 제가 직접 선생님들께 생기부에 내용이 적혀 있지 않다는 말을 하러 자주 다녔던 것이 힘들었던 것 같습니다.

Q. 진로를 언제부터 결정하셨고 전공적합성 활동은 어떤 것을 진행하셨나요?

진로는 처음에는 메디컬 계열로 갈려고 생명 쪽으로 1학년 때 생기부 방향을 결정했습니다. 하지만 2학년때 성적이 하향되면서 생명관련 과로 목표를 바꾸고 학교를 서울로 가자는 계획을 세웠습니다. 2학년 때부터 식품과 관련된 공부를 하는 식품공학과로 전공을 정하면서 생기부에 식품과 관련된 내용을 추가하면서 전공적합성 활동을 했습니다. 그것의 예로 화학 시간에 식품의 산화에 대해서 발표를 하면서 주요 교과의 세부특기사항 내용을 식품과 관련되게 하였고 일본어, 정보 같은 비 주요과목에서도 일본 후쿠시마 쌀, 정보화 시대에 식품 배송 등 생기부에 식품관련 내용을 적으려고 노력했습니다.

Q. 내신이 궁금해요. 고등학교 1학년부터 고등학교 3학년 까지 성적을 말해주세요.

1학년 1.7

2학년 2.4

3학년 3.0

Q. 본인이 합격한 비결은 무엇이라고 생각하시나요?

제가 동국대학교와 중앙대학교에 합격하게 된 이유는 전공과 많이 관련된 생활기록부와 충실한 내용의 자기소개서가 가장 큰 비결이라고 생각합니다. 또한 생기부와 자기소개서에서 파생된 면접질문에 대해 대비를 완벽히 했기에 대학교에 합격할 수 있었던 것 같습니다. 이외에도 생활기록부에서 전공심화 활동내용은 면접에서도 좋은 평가를 받았습니다.

Q. 학교에서 생활기록부 관리를 잘 해주셨나요?

저는 저희 학교가 생활기록부를 꼼꼼하게 작성해주는 알았습니다. 저또한 13장 정도로 학교에서 10손가락 안에 생활기록부가 길었습니다. 하지만 제가 대학교에 와보니 다른 타 고등학교의 친구들이 13장은 일반 학생들에게도 그 정도로 적어준다는등의 이야기를 했습니다. 저는 그것을 듣고 저희 학교가 학생부종합전형으로 대학을 가는 친구들이 왜 적은지에 대해 잘 알 수 있었습니다. 저희 학교에서 학생부 종합전형으로 인서울에 진학한 학생은 고려대 기계공학과 1명과 제가 끝이기 때문입니다.

Q. 고교블라인드 실행의 장점과 단점은 무엇이 있나요?

고교블라인드의 취지는 특목고 학생들이 내신이 낮아도 뽑힐 수 있는 것을 방지하고 공부 환경이 좋지 못한 지역의 학생들도 합격 할 수 있도록 하게하는 제도라고 들었습니다. 일단 출신 학교를 알 수 없으니 공평하게 학생들을 선발 할 수 있겠지만 제가 듣기로는 면접관 분들은 일반고 학생의 생활기록부와 특목고 학생의 생활기록부를 생기부의 질과 내용을 통해 구분 할 수 있다고 알고 있습니다. 하지만 오히려 일반고 학생들에게 유리 한점도 많다는 것을 알 수 있었습니다.

Q. 학급 회장, 부회장 혹은 동아리 기장은 꼭 해야한다고 생각하시나요?

저는 학급 회장, 부회장, 동아리 기장 등 아무것도 해보지 않은 사람으로서 꼭 필요하다고 생각하지 않습니다. 만약 하게 된다면 리더십 발휘한 내용을 생활기록부에 추가 할 수 있을 것이며 대입에서 좋은 평가는 받을 수 있을 것이라 생각합니다. 하지만 성적에 오히려 방해가 될 수 있으니 이 점을 참고해주세요.

Q. 공부하면서 슬럼프를 극복한 사례가 있다면 꼭 알려주세요.

저는 공부하면서 슬럼프를 고등학교 2학년 때 겪었는데 코로나로 인해서 방에 틀어박혀 잠만 자면서 공부를 전혀 하지 않았습니다. 자연스럽게 그게 3학년까지 이어지면서 내신이 3학년 때 3등급까지 가버렸습니다. 저는 3학년 말부터 경희대학교 최저인 2합5등급을 맞추기 위해 독서실에서 친구들과 함께 공부히면서 그래도 수능때 수학2 영어2등급을 맞출 수 있었던 것 같습니다. 저는 오히려 슬럼프 보다는 그냥 공부에 대한 흥미가 떨어졌던 점이 가장 힘들 없습니다. 하지만 대학을 가기 위한 목표를 가지고 공부를 하다 보니 수능에서 원하는 성적을 얻을 수 있었습니다.

Q. 마지막으로 대입을 준비하는 후배들에게 해주고 싶은 말은?

대입이라는 것이 막상 힘들고 어려울 수 있지만 주변에 도움을 줄 수 있는 좋은 사람들이 많다면 엄청 힘들지는 않을 것 입니다. 또한 아직 대학교 1학년이고 중간고사도 보지 않았지만 대학교에 오면 고등학교에서의 생활보다 시간적으로는 여유롭지만 과제나, 레포트 같은 경우 정해진 답이 없다 보니 절대로 대학 와서는 놀아야겠다는 생각으로 고등학교 공부를 하지 않으면 좋겠습니다. 저 또한 대학가면 맨날 놀아야지라고 생각했던 사람으로서 대학교에 오니 생각보다 할 일이 너무 많고 힘들다는 생각을 했기 때문입니다.

동국대학교 건설환경공학과 합격자 인터뷰

Q. 2022학년도 대입에서 합격한 대학교를 말해주세요.

– 동국대학교

Q. 언제부터 학생부종합전형을 준비하기로 결심하셨나요? 결심하신 계기는
무엇인가요?

– 원래 1학년 때부터 학생부종합전형을 쓰기 위해 생활기록부 관리를
계속 했습니다. 교과 세특은 괜찮았던 것에 비해 교과 성적이 쭉 나쁜 편
이어서 2학년 겨울방학 때 학생부종합전형을 포기하고 수능으로 갈까 생
각도 해 보았지만, 모의고사 성적도 쉽게 오르지 않아 그냥 끝까지 수시에
집중하게 되었습니다.

Q. 생활기록부를 관리하면서 제일 어려웠던 점은 무엇인가요?

– 학기말이 되면 각 교과목마다 세특을 쓰기 위해서 직접 주제를 정해 발표하는 시간을 가졌는데, 각 교과목마다 내 진로와 연관이 있는 적절한 주제를 찾는 것이 상당히 어려웠던 것 같습니다.

Q. 진로를 언제부터 결정하셨고 전공적합성 활동은 어떤 것을 진행하셨나요?

– 1학년 1학기 때는 생명공학 쪽으로 갈 생각이었지만, 2학기 때 여러 진로 탐구 활동을 하면서 건축 쪽에 관심이 생겼습니다. 이때부터 독서나 교과세특은 모두 건축에 방향을 맞춰 작성했습니다. 3학년 때는 물리지구과학 동아리에 들어가 IoT 스마트홈 관련 활동을 진행했는데, 이 내용을 자기소개서에 써서 전공적합성에 맞는 활동을 한 좋은 예시를 보여줄 수 있었습니다.

Q. 내신이 궁금해요. 고등학교 1학년부터 고등학교 3학년 까지 성적을 말해주세요.
(주요과목과 전교과)

– 전체 평균은 3.79였습니다. 1, 2학년 때 3점대 후반과 4점대 초반을 왔다 갔다 했지만, 3학년 1학기 때 3.2가 나와 그나마 전체 평균을 조금 올릴 수 있었습니다.

Q. 본인이 합격한 비결은 무엇이라고 생각하시나요?

– 교과 성적이 좋지 않았어도 학생부종합전형을 포기하지 않고 비교과

활동을 풍성하게 채운 덕분이라고 생각합니다. 교내에서 열리는 교수 초청 강연이나 과학·수학 관련 행사에 항상 참여했고, 방학 때 실험수업도 듣는 등 다양한 행사에 적극적으로 참여한 것이 나중에 자기소개서 작성이나 면접 준비를 할 때 많이 도움이 되었습니다. (독서는 학기말에 몰아 쓰느라 고생 좀 했다. 시간 날 때 미리 써두자.)

Q. 학교에서 생활기록부 관리를 잘 해주셨나요?

– 우리학교는 대부분의 선생님들이 상위권뿐만 아니라 중하위권까지도 포기하지 않고 관리해 주십니다. 선생님들께서 적극적으로 나서서 도움이 될 만한 내용을 세특에 담을 수 있도록 도와주셨고, 다양한 진로 활동이나 교내 행사를 기획해 타 학교와 차별화된 것을 만들기 위해 노력하셨습니다.

Q. 학급 회장, 부회장 혹은 동아리 기장은 꼭 해야 한다고 생각하시나요?

– 저 같은 경우는 1학년 2학기 때 학급부회장을 딱 한 번 했습니다. 회장, 부회장을 많이 하면 물론 좋겠지만 리더십을 어필할 다른 소재가 있다면 굳이 안 해도 됩니다. 저는 자소서를 작성할 때 합창대회 지휘자를 맡았던 것에서 리더십을 어필했습니다.

Q. 공부하면서 슬럼프를 극복한 사례가 있다면 꼭 알려주세요.

– 슬럼프는 아니지만, 고등학교 3학년 6월 즈음에 늘 집–학교–독서실만 반복하다 보니 속이 답답해서 충동적으로 혼자 등산을 하고 온 적이 있

었습니다. 아무생각 없이 날씨가 좋아서 갔지만 덕분에 답답함도 해소하고 머릿속도 정리하는데 도움이 되었습니다.

Q. 마지막으로 대입을 준비하는 후배들에게 해주고 싶은 말은?

– 일단 뭐든 해놓으면 나중에 가서 다 도움이 될 때가 있습니다. 1, 2학년 때 이걸 굳이 해야 되나 싶은 활동들도 면접에서 저를 어필 할 수 있는 좋은 기회가 되었습니다. 학생부종합전형준비는 1학년 때부터 구체적인 계획을 세워놓고 실천하는 것이 제일 좋겠지만 아직 진로가 확실하지도 않고 계획이 없다면 교내에 다양한 행사에 참여하면서 진로를 탐색하는 것도 좋은 방법입니다.

제7부

대입에 성공하기 위해
최종 점검하기

내신관리 점검하기

본인의 공부법이 맞는지에 대해 고민하는 학생들이 많다. 본인 공부법을 체크해보고 부족한 부분이 있다면 점검을 꼭 하자. 자신이 생각하는 답을 선택 후 각 문답에 해당되는 점수를 합 한 후 점수분석표를 참고하여 내신관리를 잘 하고 있는지 점검하자.

※1번을 선택할 경우 1점, 2번을 선택할 경우 2점, 3번을 선택할 경우 3점

질문1 학기 중 하루에 순수공부시간 (인강,학원,과외제외)은 몇 시간인가?
①0시간~1시간
②2시간~3시간
③4시간 이상

질문2 방학 중 하루에 순수공부시간 (인강,학원,과외제외)은 몇 시간 인가?

①0시간~1시간

②2시간~3시간

③4시간 이상

질문3 사탐이나 과탐 암기 과목 문제집은 몇 권 문제풀이 하는가?

①0권~1권

②2권

③3권이상

질문4 플래너를 작성하면서 공부하는가?

①작성하지 않는다.

②종종 작성한다.

③매일 작성한다.

질문5 시험기간 몇 주 전부터 준비 하는가?

①일주일

②2주~3주

③4주이상

질문6 수행평가를 미리 하는가?

①제출 하루 전 준비한다.

②이틀 전 준비한다.

③공지되면 바로 준비한다.

질문7 방학 때 시험이나 과탐과목 미리 예습하는가?

①예습을 전혀 하지 않는다.

②예습을 조금한다.

③예습을 완벽히 한다.

질문8 시험기간에도 스트레스 해소는 중요하다고 생각하는가?

①스트레스 해소 무조건 중요하다.

②조금은 스트레스해소 할 수 있다.

③스트레스 해소는 안 중요하다.

질문9 주말에도 스스로 내신 공부를 몇 시간 하는가?

①0~1시간

②2시간~3시간

③4시간 이상

질문10 평소 핸드폰을 하는 시간은 얼마나 되는가?(유튜브보기,SNS하기 등)

①2시간 이상

②1시간 이상

③30분 이상

분석표

15점 이하 : 내신관리가 전혀 되지 않고 있다. 이대로 관리 하지 않으면 성적상승은 없을 것이다.

15점~20점 : 내신관리는 하고 있지만 좀 더 꼼꼼하고 체계적으로 계획을 세워서 하는 것을 추천한다.

21점~26점 : 성적상승을 위해 노력하고 있는 만큼 내신도 함께 오를 것이다. 슬럼프가 오지 않도록 잘 관리해야 한다.

27점 이상 : 자기주도적공부법을 가지고 있기 때문에 지금 성적도 좋다고 예상되며 자신감을 가지고 지치지 않게 관리 하는 것이 중요하다.

생활기록부 점수로 테스트하기

본인의 생활기록부를 잘 관리하고 있는지 고민하는 학생들이 많다. 본인의 생활기록부 관리하는 방법을 체크해보고 부족한 부분이 있다면 점검을 꼭 하자. 자신이 생각하는 답을 선택 후 각 문답에 해당되는 점수를 합 한 후 점수분석표를 참고하여 생활기록부를 잘 관리 하고 있는지 점검하자.

※1번을 선택할 경우 1점, 2번을 선택할 경우 2점, 3번을 선택할 경우 3점

질문1 몇 학년 때 진로가 결정 되었는가?
①고등학교3학년
②고등학교2학년
③고등학교1학년

질문2 생활기록부에 어떤 항목이 있는지 잘 알고 있는가?

①전혀 모른다.

②조금은 알고 있다.

③자세히 알고 있다.

질문3 수행평가는 전공에 맞춰서 연결 하고자 노력하는가?

①전혀 노력하지 않는다.

②조금은 노력하고 있다.

③최대한 노력하고 있다.

질문4 본인이 준비하고 있는 전공은 대학 입학 후 무엇을 배우는지 자세히 알고 있는가?

①전혀 모른다.

②조금은 알고 있다.

③자세히 알고 있다.

질문5 학교에서 진행하는 교내대회에 학기 중 참여를 얼마나 하는가?

①0회~1회

②2회

③3회 이상

질문6 학교에서 진행하는 진로특강에 1년 중 얼마나 참여하는가?

①0회~1회

②2회

③3회 이상

질문7 담임선생님과의 유대관계는 좋은가?

①별로 좋지 않다.

②보통이다.

③좋은 편이다.

질문8 과목별선생님과의 유대관계는 좋은가?

①별로 좋지 않다.

②좋은 과목도 있고 안 좋은 과목도 있다.

③전반적으로 전 과목 모두 좋은 편이다.

질문9 동아리 활동시간에 본인이 원하는 활동을 어필하는 편인가?

①전혀 어필하지 않는다.

②전공과 관련된 활동을 종종 하자고 건의한다.

③적극적으로 전공과 관련된 활동을 진행한다.

질문10 본인의 전공과 관련된 도서는 몇 권 읽었는가?

①0권~3권

②4권~6권

③7권 이상

분석표

15점 이하 : 생활기록부 관리가 전혀 되고 있지 않다. 어떻게 하면 생활기록부를 잘 관리 할 수 있는지 고민해야 한다.

15점~20점 : 생활기록부를 조금은 관리하고 있지만 여전히 부족하니 전략을 세워서 꼼꼼하게 관리 하는 것을 추천한다.

21점~26점 : 생활기록부 관리를 잘 하고 있지만 이왕이면 전공심화적인 내용도 더 들어 갈 수 있도록 챙기면 좋다.

27점 이상 : 생활기록부를 최대한 완벽하게 관리하고자 노력하고 있으니 생활기록부 관리만큼 내신관리도 함께 놓치지 말고 잘 챙겨야 한다.

합격의 길로 가는 생활기록부 정리 목록 30가지

합격하는 학생들의 생활기록부는 본인의 원하는 전공적합성에 맞춰서 전략적으로 관리하는 경우가 많다. 따라서 본인의 생활기록부를 다음과 같이 상시 점검하고 전공적합성에 맞춰서 만들어 가는 과정이 중요하다.

1. 본인이 원하는 전공은?

2. 전공과 관련된 독서 리스트 모두 작성하기

3. 본인이 원하는 전공과 관련된 동아리 활동 목록 정리하기

4. 입학하고 싶은 대학에서 원하는 인재상 찾아보기

5. 교내에서 주최하는 대회 중 전공과 연관된 대회목록 정리하기

6. 교내에서 스스로 참여한 봉사활동은?

7. 본인의 리더십활동 목록 정리해보기

8. 본인이 하고 싶은 전공과 관련된 활동은?

9. 본인이 학급발전을 위해 노력한 활동은?

10. 본인이 원하는 전공과 관련된 보고서 목록 작성하기

11. 각 과목별 세부특기사항 정리하기

12. 친구들과 협력한 활동 목록 정리하기 (리더십과 연관시키기)

13. 본인이 참여한 진로활동은?

14. 본인이 원하는 전공과 관련된 신문기사 스크랩 하기

15. 전공과 연계할 수 있는 수행평가 리스트 작성하기

16. 각 과목별로 본인이 원하는 전공과 연결할 수 있는 세부특기사항 리스트 만들어보기

17. 대학 졸업 후, 본인이 원하는 진로와 연관 시킬 수 있는 교내 활동 정리하기

18. 본인이 원하는 전공에 해당하는 논문리스트 작성한 후 읽어보기

19. 본인이 원하는 전공과 관련된 과학실험 및 연구 목록 정리하기 (이과계열 학생 해당)

20. 본인이 원하는 전공과 관련된 사회문제 탐구하기 (문과계열 학생 해당)

21. 본인이 원하는 전공과 관련된 최근 시사 이슈 목록 정리하기

22. 방학 때 생활기록부 보충할 수 있는 리스트 정리하기

23. 본인이 전공과 관련된 대회에서 수상한 기반으로 심화활동 기획하기

24. 본인이 선택한 과목 리스트 정리하기

25. 본인의 학년별 내신 기록하기

26. 내신등급을 자주 산출해보고 공부계획 세우기

27. 시험기간 공부 로드맵 세우기

28. 본인 스스로 체력관리는 어떻게 하고 있는지 체크하기

29. 본인이 지원하고자 하는 대학교 입결 내신 확인하기

30. 수시 지원 전 생활기록부 최종 점검 후 보완 및 수정하기